国家重点研发计划课题资助

中国城市规划设计研究院学术研究成果

U0184436

自然保护地和乡村社区
协同发展规划

理论·方法·实践

陈战是　于涵 等◎著

中国建筑工业出版社

图书在版编目（CIP）数据

自然保护地和乡村社区协同发展规划：理论·方法·实践/陈战是等著.—北京：中国建筑工业出版社，2022.6

ISBN 978-7-112-26763-7

Ⅰ.①自…　Ⅱ.①陈…　Ⅲ.①乡村规划—关系—自然保护区—协调发展—研究—中国　Ⅳ.① TU982.29

中国版本图书馆 CIP 数据核字（2021）第 215346 号

责任编辑：郑淮兵　王晓迪
责任校对：刘梦然

自然保护地和乡村社区协同发展规划
理论·方法·实践
陈战是　于涵　等　著

*

中国建筑工业出版社出版、发行（北京海淀三里河路9号）
各地新华书店、建筑书店经销
北京雅盈中佳图文设计公司制版
北京中科印刷有限公司印刷

*

开本：787 毫米 ×1092 毫米　1/16　印张：17¾　字数：301 千字
2022 年 6 月第一版　2022 年 6 月第一次印刷
定价：**98.00** 元
ISBN 978-7-112-26763-7
（38589）

我们的目标是
建设人与自然和谐共生的美好家园!

序　一

建立以国家公园为主体的自然保护地体系，是贯彻习近平生态文明思想的重大举措，是党的十九大提出的重大改革任务。据统计，我国现有各类自然保护地面积占我国陆域面积的 18% 左右。由于我国人口众多，分布广泛，所以在自然保护地范围内客观上存在着大量的乡村居民，而在自然保护地周边的乡村居民数则更多。这些乡村居民和自然保护地唇齿相依、休戚相关，其生产生活和发展建设对自然保护地的保护和管理都具有非常重要的影响作用。

事实上，国际社会及相关组织对自然保护地原住居民和社区的态度随着时间的推移而逐渐变得更加理性和务实。从早期将原住居民强制迁出自然保护地的"黄石公园模式"，到 2003 年世界自然保护联盟在《德班宣言》中倡议的"保障人权，消除贫困、利益共享"，再到 2007 年联合国大会通过的《联合国土著人民权利宣言》等，这些政策理念在保障自然保护地原住居民的各项权利及社区参与自然保护地发展方面达成了共识。

更为重要的是，"坚持人与自然和谐共生"作为习近平生态文明思想的基本内涵之一，也明确指出人类在同自然的互动中生产、生活、发展。同时，实施乡村振兴战略是党的十九大提出的重大决策部署，是决胜全面建成小康社会、全面建设社会主义现代化国家的重大历史任务。因此，促进和实现自然保护地和乡村协同发展不但符合国际自然保护的主流理念，而且对在自然保护地所在区域内贯彻习近平生态文明思想、实施乡村振兴战略都具有较为重要的现实意义。

当前，我国自然保护地和乡村如何统筹发展的相关议题逐渐引起了业内的重视，但专门而具体的研究还较为缺乏。本书结合生态文明思想和乡村振兴战略的相关要求，研究和探讨了从规划层面如何实现自然保护地和乡村协同发展的理论和方法。同时，本书将我院近年来的在峨眉山、可可西里、金佛山、青城山、衡山、黄山等自然保护地的规划实践进行整理和提炼，形成理论、方法和实践相对完整的技术框架体系，重点突出，切合实际，既有理论上的创新性，也有重要的实践参考价值。希望本书的出版对推动我国自然保护地体系的建设与管理起到积极的促进作用。

王凯

中国城市规划设计研究院院长
全国工程勘察设计大师

序　二

我国自然保护事业经过 70 年的努力，已经建立了数量众多、类型丰富、功能多样的各类自然保护地。自然保护地作为生态建设的核心载体、中华民族的宝贵财富、美丽中国的重要象征，在保护生物多样性、保存自然资产、改善生态环境质量和维护国家生态安全方面发挥了重要作用。由于我国人口众多，历史悠久，这些自然保护地内及周边区域客观存在着众多的原住居民和乡村社区。自然保护地与乡村社区相生相伴，既是我国自然保护地有效管理需要面对的现实，也是中国自然保护地体系的一大特色。在自然保护地所在区域如何贯彻习近平生态文明思想和实施乡村振兴战略，如何统筹好自然生态保护和乡村发展、民生改善之间的关系，如何实现人与自然和谐共生的理念，都值得我们思考和研究。

记得 2021 年中央电视台一套《焦点访谈》栏目播出了名为"住在国家公园里的人们"的节目，该节目以武夷山国家公园为例，记叙了住在国家公园内乡村居民的生产和生活，探讨了在国家公园严格生态保护基础上乡村社区发展的途径和方法，引起了业界专家和观众持续的关注和热议。

本书作者长期从事自然保护地规划研究，在生态保护与社区协同发展方面心得颇多。本书在分析我国自然保护地及其乡村社区发展现实特点的基础上，对自然保护地和乡村社区协同发展的理论基础、规划技术、系统构建、规划方法等进行了探讨，研究提出了自然保护地和乡村社区协同发展规划的技术框架，是近年来自然保护地乡村社区领域非常系统的研究成果。

本书还难能可贵地列举了大量的规划研究实例，并结合多个自然保护地和自然遗产地的规划实践和案例研究，对自然保护地规划和乡村规划等相关规划编制的技术方法和内容进行了有益的探索和总结，具有较好的理论指导和实践参考价值。

希望本书的出版能为我国自然保护地科学规划和有效管理，以及自然保护地乡村社区的发展提供多样的理论参考；也能引起学界对这一问题展开更加广泛而深入的研讨。

国家林业和草原局国家公园研究院院长
国家林业和草原局调查规划设计院副院长

前　言

自 1956 年鼎湖山国家级自然保护区设立伊始，历经多年的实践、探索与发展，我国已经建立了国家公园、自然保护区、风景名胜区、森林公园、地质公园、湿地公园等十余类自然保护地。这些自然保护地作为生态文明建设的核心载体和美丽中国的重要象征，资源富集、功能重要，在维护国家生态安全中居于首要地位，但在其范围内部和周边区域也客观存在着众多的乡村社区和原住居民。虽然在自然保护地的管理过程中，有一部分乡村居民会被搬迁至远离自然保护地的区域或城镇，但大部分乡村居民仍然生活在自然保护地内部或者周边区域，其中也包括在自然保护地整合优化过程中拟通过"开天窗"等形式划出自然保护地范围的"天窗社区"。这些乡村居民的生产、生活和自然保护地之间存在着千丝万缕的关系，它们相互影响，息息相关，荣辱与共。

要统筹实现自然保护地和乡村社区协同发展，其方法和途径会涉及政策、机制、规划和管理等方方面面。本书在分析我国自然保护地和乡村社区的现状及其相互影响的基础上，对自然保护地和乡村社区发展的相关理论和政策进行了系统梳理，对相关规划的编制内容和技术要点进行了提炼总结，并基于生态文明思想和乡村振兴战略的相关要求，从系统论和协同学等理论视角，提出了实现自然保护地和乡村社区协同发展（以下简称"协同发展"）规划的理论基础和技术方法。同时结合多个自然保护地的规划实践，进一步深入探讨了国家公园、自然保护区、风景名胜区、地质公园等不同类型的自然保护地，在不同视角或视野下"协同发展"的规划策略和方法，以及在"协同发展"理念下，宏观、中观和微观等不同尺度地域内乡村社区发展、建设、调控和整治等方面的规划案例。

全书总体框架由陈战是和于涵制定，并由陈战是、于涵、邓武功对全书进行了统稿和修改整理，最后陈战是对全书进行了全面的审定工作。参与本书撰写的主要同志分工如下：

绪论主要阐述全书的研究背景和研究对象，由陈战是、于涵撰写。

上篇为"协同发展"规划的理论和方法，共7章。

第一章由陈战是、于涵撰写；第二章由于涵、陈战是撰写；第三章由王笑时、陈战是撰写；第四章由于涵、王笑时、邓武功撰写；第五章由陈战是、于涵、邓武功撰写；第六章由陈战是、于涵撰写；第七章由陈战是、于涵、李泽撰写。

下篇为"协同发展"规划的实践和案例，共8章。

第八章由宋梁、邓武功、陈萍撰写；第九章由蔺宇晴、于涵撰写；第十章由宋梁、邓武功撰写；第十一章由于涵、蔺宇晴撰写；第十二章由刘颖慧、于涵撰写；第十三章由于涵、刘颖慧撰写；第十四章由梁庄撰写；第十五章由李泽、赵旭撰写。

特别感谢王凯院长和唐小平院长为本书作序。在书稿撰写过程中，中国城市规划设计研究院副总规划师、科技处处长彭小雷、院士工作室副主任陈明提出了许多很好的意见和建议；国家林业和草原局自然保护地司二级调研员孙铁、副处长刘红纯和何露，国家林业和草原局调查规划设计院杨永峰处长等领导和专家以不同形式提供了很多的支持和帮助，在此表示诚挚的谢意。

本书得到国家重点研发计划课题"自然遗产地生态保护与社区发展协同研究"（2016YFC0503308）的资助。该课题由中国城市规划设计研究院负责，同济大学、华东师范大学以及住房和城乡建设部原城乡规划管理中心等多家单位共同参与。本书也是在该课题的子课题"自然遗产地生态保护和社区发展协同规划研究"的基础上，经过扩展研究和增加内容后凝练而成，力求理论和实践相互印证和统一。在此，诚挚感谢住房和城乡建设部原城乡规划管理中心邢海峰主任，中国风景园林学会秘书长贾建中等领导在课题申报过程中对课题组的支持和信任。也要感谢同济大学韩锋教授、李婧博士，华东师范大学蔡永立教授，住房和城乡建设部遥感应用中心温婷副研究员等课题组成员，以及北京林业大学研究生高敏、肖予等为课题的研究和完成付出的辛勤努力。

在课题研究过程中，许多专家和领导或悉心指导，或出谋划策，为科研成果的优化和完善提出了宝贵的建议。在此，对中国城市规划设计研究院原院长、国务院参事王静霞教授、住房和城乡建设部城市建设司原处长左小平女士、北京大学陈耀华主任、李江海教授、宋峰副教授，清华大学庄优波副教授，北京林业大学曹礼昆教授、魏民副教授，中国科学院王心源研究员、杨瑞霞副研究员，国家林业和草原局世界遗产专家委员会副秘书长刘保党，中国城市建设研究院原遗产中心主任张同升；中规院（北京）规划设计公司乡村振兴研究中心主任曹璐等专家和领导表示衷心感谢。

课题研究工作也离不开自然遗产地或自然保护地管理部门的领导和朋友们的支持和帮助。在此，特别感谢黄山风景名胜区管委会规划土地处原处长刘一举、遗产办主任方媛等在课题研究和示范过程中对课题组的大力支持；对江西省林草局自然保护地处邓兆芳处长、贵州省林草局遗产办原主任肖高林、湖南省林草局自然保护地管理中心陈妍女士，以及武夷山、梵净山、武陵源、龙虎山、龟峰等自然遗产管理部门的领导和朋友在课题调研期间给予的热情帮助也表示由衷的谢意。另外，还需感谢峨眉山、可可西里、金佛山、青城山、札达土林、关岭、衡山、黄山等自然保护地管理部门的许多同志在规划实践工作期间给予的支持和协助。

中国城市规划设计研究院科技处、财务处和风景园林分院等部门的许多领导和同事对课题和书稿的组织和完成给予了大量的支持和帮助，在此谨对他们的付出和热情相助表示由衷的感谢。

篇幅所限，不能将所有为本书出版和课题研究有贡献的领导、专家和同事详尽列出，在此也一并感谢。

由于出版时间较为仓促以及作者水平有限，书中难免存在不足和错误之处，敬请同行和读者批评指正，俟再版修订时加以弥补，也希望本书的出版能起到抛砖引玉的作用。

2021 年 12 月 19 日

目　录

上篇　理论和方法

下篇　实践和案例

绪 论

一、国际视野下的自然保护地

目前，地球大约有 1/10 的陆地是以某种形式的自然保护地存在的。这些自然保护地不仅对生物多样性保护至关重要，而且能直接造福人类。无论居住在自然保护地内，还是靠近或远离自然保护地，人类均能从中获得游憩和恢复再生资源的机会，从野生生物种中也可以获得遗传潜力，并从自然生态系统提供的生态服务中受益。[①] 随着现代意义上的自然保护地在大多数国家陆续建立，世界自然保护联盟[②] 于 1994 年给出了自然保护地的定义：用于保护和维持生物多样性、自然和文化资源，并通过法律或其他有效手段加以管理的陆地或海洋区域；并于 2007 年对自然保护地的定义又进行了重新阐释：自然保护地是一个明确界定的地理空间，通过法律或其他有效手段得到认可、承诺和管理，以长期保护自然及其所拥有的生态系统服务和文化价值。

1872 年，美国建立了全世界第一个真正意义上的自然保护地——黄石国家公园，自然保护地逐渐成为国际普遍采用的自然生态空间管理形式，各国也根据国情建立了自然保护地分类系统。如美国建立了包括国家公园系统、国家森林系统、鱼类和野生动物保护系统、国家海洋与大气系统、国家景观保护系统在内的自然保护地体系；英国建立了国家公园、国家自然保护区、杰出美景地 / 国家美景地等十余个类型的自然保护地体系。不同国家的自然

---

① DUDLEY N. IUCN 自然保护地管理分类应用指南［M］. 朱春全，欧阳志云，等，译 . 北京：中国林业出版社，2016.
② 世界自然保护联盟（International Union for Conservation of Nature，简称 IUCN），是世界上规模最大、历史最悠久的全球性非营利环保机构，也是自然环境保护与可持续发展领域唯一作为联合国大会永久观察员的国际组织。

保护地实践丰富了自然保护地的内涵。

IUCN 总结各国实践经验，经过多年研究和积累，几经演变，建立了以管理目标为导向，具有全球参考意义的自然保护地分类体系。这一分类体系将自然保护地分为严格的自然保护地、荒野保护地、国家公园、自然文化遗迹或地貌、栖息地/物种管理区、陆地景观/海洋景观自然保护地、自然资源可持续利用自然保护地 7 个类型。这种分类适用于国际上绝大多数自然保护地，也为全世界不同国家的自然保护地分类管理实践和研究建立了一个共同的基础和讨论平台，成为最有影响力的一种自然保护地分类方式，澳大利亚等国已经将该分类体系应用于本国的自然保护地分类管理之中。

自然保护地在设立之初就是为了保护那些珍贵的自然生态系统和人文价值免受各种人类活动的影响。但千百年的繁衍已使得人类活动遍布地球的各个角落，特别是传统的人类自然聚落已经与自然生态系统融为一体。各国的自然保护地中普遍存在原住民和本地社区[1]，如英国的国家公园居民人口密度就达到了 19.3 人 /km^2。[2] 即便是在加拿大这种历史较短、人口相对稀少的殖民地国家，其国家公园内也存在着一定数量的原住民和本地社区。IUCN 对自然保护地的 7 个分类，其受人类活动影响的程度是逐类递增的，影响主要来源于自然保护地内部和周边的社区，既包括狩猎、采集、耕种等传统农业生产活动，也包括房屋建造等生活活动。

在过去相当长的一段时间，自然保护领域一直认为社区的生存和发展与自然保护这一目标是相抵触的，社区是自然生态系统威胁的主要来源，只能给自然保护地的保护管理带来负面影响，以至于在一部分国家的自然保护地管理当中，出现了驱赶和搬迁原住民的现象，特别是在美国、澳大利亚等殖民地国家，这种现象尤为突出。如在美国黄石公园设立之前，周边一部分原

---

① 独立国家中的部落民族，其社会、文化和经济条件有别于国家的其他部分，其地位完全或部分地受其自己的习俗、传统、特殊法律、条例的制约。部落民族的人，因是在或被征服或殖民化或建立目前的国家边界时居住在该国或该国所属地理区域的人口的后裔，而被视为原住民。"本地社区"的成员是那些在日常生活中可能有面对面的接触和/或直接相互影响的人。在这个意义上，一个农村的村庄、一个转场的部族或一个城市街区的居民可以被认为是一个"本地社区"。（BORRINI FEYERABEND G，KOTHARI A，OVIEDO G. Indigenous and local communities and protected areas: towards equity and enhanced conservation [M]. 1st. IUCN Publications Services Unit，2004.）

② 于涵，陈战是. 英国国家公园建设活动管控的经验与启示 [J]. 风景园林，2018，25（6）：96-100.

住民的土地就已经被掠夺，他们被迫进入黄石国家公园所在区域生活。然而在国家公园设立之时，在没有征求原住民同意的情况下，联邦政府就对黄石国家公园的土地进行了"国有化"。因原住民传统的烧荒、狩猎等生活方式与国家公园的保护理念并不一致，部分部落又被重新驱逐出国家公园，以避免其对公园的保护和旅游开发造成影响。① 这种对待原住民的方式粗暴地损害了他们的权利，是殖民思维在自然保护领域的延伸。

随着时代的进步，自然保护观念在不断演变，人们对原住民和社区的观念也在不断变化。社会各界逐渐意识到原住民和本地社区已经在自然保护地所在区域生活了相当长的一段时间，在拥有生存权和发展权等一系列权利的同时，本身也是这片土地的文化传承者，其生态智慧和传统知识对自然保护地的自然资源保护和可持续利用有着巨大的作用。2003 年在南非德班召开的第五届世界公园大会是关于自然保护地的一个重要会议，会议强调保障原住民和当地社区的权益，提出社区参与协作和社区治理的新模式，认可了社区在自然保护地保护管理中的重要作用。大会通过的《德班宣言》"对当地社区、原住民和流动性民族长期以来保护的许多地方没有得到承认、保护和支持表示关切"。并"敦促承诺当地社区、原住民和流动性民族参与自然保护地的创建、宣布和管理"。② 随后，《德班宣言》中关于自然保护地社区相关的共识在《生物多样性公约自然保护工作方案》中得到采纳和落实，这是对原住民和社区在自然保护地领域中的地位和作用最为重要的一次确认，对后续各界关于自然保护地原住民和社区的理念的转变有着重要影响。

二、中国自然保护地的特点

依据 2019 年中共中央办公厅、国务院办公厅印发的《关于建立以国家公园为主体的自然保护地体系的指导意见》（下文简称《指导意见》），我国将自然保护地定义为"由各级政府依法划定或确认，对重要的自然生态系统、

---

① The establishment of the united states national parks and the eviction of indigenous people［EB/OL］.［2021-10-01］. https://digitalcommons. calpoly. edu/cgi/viewcontent. cgi?referer=&httpsredir=1&article=1070&context=socssp.
② International Union for Conservation of Nature. The Durban Accord［EB/OL］.［2021-01-01］. http://danadeclaration. org/pdf/durbanaccordeng. pdf.

自然遗迹、自然景观及其所承载的自然资源、生态功能和文化价值实施长期保护的陆域或海域"。

事实上，我国自 1956 年建立第一个自然保护区——鼎湖山自然保护区起，历经 60 多年的实践、探索与发展，逐步形成了由国家公园、自然保护区、风景名胜区、森林公园、地质公园、湿地公园、海洋公园等不同类型组成，按国家级、省级等不同级别设置的自然保护地体系。截至 2017 年 5 月，全国各类自然保护地已逾 12000 个（不包含自然保护小区），总面积（扣除重叠部分）覆盖了我国陆域面积的近 18%。[①] 由于我国地域辽阔，位于不同区域的自然保护地存在明显的区域差异，即使是同一区域内的同类自然保护地也存在个体差异。但在生态文明视野和宏观政策背景下，其所具有的共性特征应成为关注的重点。

1. 资源富集、功能重要

中国是一个文明古国，早在先秦时期，就已经关注自然资源保护问题。新中国成立后，国家对自然保护事业一直比较重视。经过 70 多年的努力，我国已建立数量众多、类型丰富的各级各类自然保护地，在保护生物多样性、保存自然遗产、改善生态环境质量和维护国家生态安全方面发挥了重要作用。[②] 同时，我国的自然保护地蕴含着众多丰富多彩、各具特色的自然景观资源，也是对大众产生很强吸引力的自然生态空间。此外，中华文明作为世界上持续时间最长的文明，不但博大精深，源远流长，而且也镶嵌在自然保护地的山山水水之间。这使得我国自然保护地自古以来就承载着深厚的文化底蕴，是民众体验文化、追求精神信仰的场所，也是民众向往的户外的自然游憩空间和魅力景观区域。如我国第一个自然保护区鼎湖山自然保护区就有较为深厚的文化底蕴；神农架自然保护区的神农传说和故事为保护区增添了许多神秘色彩；至于三山五岳等名山大川因所蕴含的深厚人文历史，就更为人们所熟知了。因此，我国自然保护地不但蕴含着众多自然和文化资源，而且也具有生态和游憩等重要功能。

---

① 唐小平，栾晓峰. 构建以国家公园为主体的自然保护地体系 [J]. 林业资源管理，2017, 4（6）: 1-8.
② 中共中央办公厅，国务院办公厅. 关于建立以国家公园为主体的自然保护地体系的指导意见 [Z]. 2019.

但随着我国经济社会的快速发展，尤其是近三十年城镇化的快速发展，使得自然保护与经济发展之间的矛盾也逐渐显现出来，许多自然保护地内自然资源遭到破坏甚至损毁，部分自然保护地的生态系统功能有逐渐衰退的倾向。因此，如何科学有效地保护和管理自然保护地，为维护国家生态安全和实现经济社会可持续发展筑牢基石，就显得十分迫切和重要。同时，发挥保护地生态为民的服务功能，选择科学利用自然资源的路径，对中国的自然保护地来说也具有非常重要的现实意义。

2. 人口众多、分布广泛

当前我国人口有 14 亿之多，是美国人口的 5 倍多，且分布广泛，使得自然保护地内客观存在众多社区和居民。据统计，当前我国国家公园（试点区）内约有 60 万人，自然保护区内约有 1256 万人，国家级风景名胜区内约有 1094 万人。人口较多的，如三江并流自然保护地有约 24 万人；即使人口较少的三江源国家公园内也有 16621 户，约 6.4 万人之多。[①] 如果再加上自然保护地外部相邻区域与自然保护地关系密切的社区，那么这些人口的规模就更大了。

专栏　我国自然保护地居民人口状况

1. 据统计，全国 1657 个已界定范围边界的自然保护区内，共分布有居民 1256 万人。其中，国家级自然保护区共分布有居民约 413 万人，占全国已明确边界的自然保护区总人口数的 32.9%；地方级自然保护区共分布有居民约 843 万人，其中省级、市级和县级保护区人口数分别为 592 万、110 万和 141 万。

2. 据统计，我国国家级风景名胜区总人口为 1094 万。

3. 据统计，截至 2019 年，我国国家公园（试点区）内人口约为 60 万。

资料来源：
[1] 徐网谷，高军，夏欣，等. 中国自然保护区社区居民分布现状及其影响 [J].

---

① 第一届国家公园论坛组委会秘书处. 第一届国家公园论坛成果汇编 [R]. 西宁：青海省林业和草原局，三江源国家公园管理局，2019.

生态与农村环境学报，2016，32（1）：19-23.

　　［2］住房和城乡建设部.中国风景名胜区事业发展公报［R］.2012.

　　［3］第一届国家公园论坛组委会秘书处.第一届国家公园论坛成果汇编［R］.西宁：青海省林业和草原局，三江源国家公园管理局，2019.

　　2021年5月，CCTV-1新闻频道《焦点访谈》播出了一期名为"住在国家公园里的人们"的节目。该节目以武夷山国家公园（体制试点区）为例，记叙和探讨了武夷山国家公园内乡村社区居民的生产和生活情况，引起了许多行业专家和观众的关注和热议。

专栏　武夷山国家公园及其社区现状

　　武夷山国家公园位于福建省北部，与江西省上饶市南部接壤，涵盖了国家级自然保护区、国家级风景名胜区、国家森林公园等多个自然保护地与世界文化和自然遗产地范围，总面积1001.41km²，其中核心保护区505.76km²，一般控制区495.65km²。主要保护对象为世界同纬度最完整、最典型、面积最大的中亚热带森林生态系统。涉及福建武夷山、建阳、邵武、光泽4个县（市、区）、9个乡（镇、街道）、29个行政村，涉及人口约3万人，其中内部居住人口3352人。社区的经济收入以茶叶、毛竹、外出务工和其他经济产业为主，经济共性明显，80%以上的社区以茶叶生产为主，毛竹次之，人口多为"茶农"和"竹农"。

武夷山国家公园乡村茶园现状
图片来源：武夷山国家公园管理局提供

　　资料来源：武夷山国家公园总体规划（2017-2025年）（征求意见稿）［Z/OL］.http://lyt. fujian. gov. cn/zfxxgk/zfxxgkml/ywwj/nslpy/201912/t20191231_5171944. htm.

如果对现状自然保护地内的人口不管不顾或管理松懈，社区居民的生产生活对自然保护地的负面影响就会加剧。如社区居民点建设过度，城镇化、人工化倾向明显，生产生活产生的垃圾和污水造成环境污染等。如何对这些居民点社区进行科学有效的管理？一些地处边远区域的自然保护地，其内部的居民点发展滞后，它们需要乡村振兴吗？仅仅依靠生态补偿或者生态搬迁能够解决所有的现状困难吗？这些问题不但需要在政策制度层面统筹考虑，而且在各个自然保护地实际的保护管理工作中也应该有针对性地具体研究和思考。

此外，我国自然保护地除具有上述较为普遍的共性特征外，还存在各类自然保护地交叉重叠、土地权属复杂、多元利益主体引起多方关注等现实。如许多自然保护地内不仅包含耕地、建设用地、林地、采矿用地、未利用地等多种类型的土地，而且各类土地的权属较为复杂，所有权、使用权、管理权、承包权、经营权、收益权等相互交织、相互分离等现象较为突出，这些都给保护管理带来很大困难。

三、中国自然保护地法规和政策

新中国成立以来，国家对自然生态保护事业一直比较重视。20世纪80年代以来，国家不但颁布了《中国自然保护纲要》《中国生物多样性保护行动计划》等重要文件；而且为了加强对各类自然保护地的管理，还将自然生态保护事业的发展纳入法制化轨道，国务院相继出台了《自然保护区条例》《风景名胜区条例》等法规，相关部门也颁布了《森林公园管理办法》《国家湿地公园管理办法》等规章。这些法规和规章不但对保护管理各类自然保护地起到重要的指导和规范作用，使我国生物多样性保护和自然保护地建设都取得了显著成效，而且也对社区提出了一些原则性的管理要求。如《自然保护区条例》提出，"建设和管理自然保护区，应当妥善处理与当地经济建设和居民生产、生活的关系"，"核心区内原有居民确有必要迁出的，由自然保护区所在地的地方人民政府予以妥善安置"，等等。另外，《环境保护法》《森林法》《刑法》的法律条文中也加入了保护自然生态资源和自然环境的内容。如《环境保护法》提出:"各级人民政府对具有代表性的各种类型的自然生态系统区域,珍稀、濒危的野生动植物自然分布区域,重要的水源涵养区域,重要自然遗迹等采取措施加以保护。"《森林法》要求:"保护、培育和合理利用森林资源,保障森林生态安全。"《野生动物保护法》强调:"保护野生动物,拯救珍贵、濒危野生动物,维护生物多样性和生态平衡。"

近年来,我国在生态文明思想的指引下,又陆续出台了一系列相关的政策文件,它们为建立自然保护地体系提供了政策支持和方向指引。如2015年,《中共中央、国务院关于加快推进生态文明建设的意见》和《生态文明体制改革总体方案》着重提出"保护自然生态系统和自然文化遗产原真性、完整性","加强对重要生态系统的保护和永续利用","合理界定国家公园范围,制定建立国家公园的体制总体方案"等要求。同时,这些政策文件也对自然保护地社区的管理和发展提出了相应的要求,如《建立国家公园体制总体方案》不但明确了"国家公园是我国自然保护地最重要类型之一",还提出要"以社区协调发展制度为依托,推动实现人与自然和谐共生"。

《关于建立以国家公园为主体的自然保护地体系的指导意见》(下文简称《指导意见》)除了首先明确"建立以国家公园为主体的自然保护地体系是贯彻习近平生态文明思想的重大举措"外,还提出了"自然保护地是生态建设的核心载体","在维护国家生态安全中居于首要地位"。同时《指导意见》对社区管控和社区参与提出了原则性的要求,既提出"对自然保护地进行科学评估,将保护价值低的建制城镇、村屯或人口密集区域、社区民生设施等调整出自然保护地范围。结合精准扶贫、生态扶贫,核心保护区内原住居民应实施有序搬迁……",也提出要"扶持和规范原住居民从事环境友好型经营活动","支持和传承传统文化及人地和谐的生态产业模式。推行参与式社区管理,按照生态保护需求设立生态管护岗位并优先安排原住居民"等。

这些法律法规和政策文件一方面对强化自然生态资源的保护起到了十分重要的作用,另一方面也对社区管理提出了一些指导性的要求。但在实际工作中,由于法规政策之间存在差异以及可操作性等原因,对乡村社区的管理,以及统筹自然保护地和乡村社区之间的关系等仍是保护管理部门最为棘手的事务之一。另外,《风景名胜区条例》等法规并没有明确的条文对乡村社区提出要求,这也给风景名胜区的实际保护管理工作增加了不少的难度。

四、研究对象释义与说明

《指导意见》提出要对我国现有的自然保护区、风景名胜区、地质公园、森林公园、海洋公园、湿地公园、冰川公园、草原公园、沙漠公园、草原风景区、水产种质资源保护区、野生植物原生境保护区(点)、自然保护小区、野生动物重要栖息地等各类自然保护地开展综合评价,按照保护区域的自然属性、生态价值和管理目标进行梳理调整和归类,逐步形成以国家公园为主体、自然保护区为基础、各类自然公园为补充的自然保护地分类系统。并明确了国家公园、自然保护区、自然公园等3种类型的定义和功能定位。

专栏 相关名词概念

国家公园是指以保护具有国家代表性的自然生态系统为主要目的,实现自然资源科学保护和合理利用的特定陆域或海域,是我国自然生态系统中最重要、自然景观最独特、自然遗产最精华、生物多样性最富集的部分,保护范围大,生态过程完整,具有全球价值、国家象征,国民认同度高。

自然保护区是指保护典型的自然生态系统、珍稀濒危野生动植物物种的天然集中分布区、有特殊意义的自然遗迹的区域。具有较大面积,确保主要保护对象安全,维持和恢复珍稀濒危野生动植物种群数量及赖以生存的栖息环境。

自然公园是指保护重要的自然生态系统、自然遗迹和自然景观,具有生态、观赏、文化和科学价值,可持续利用的区域。确保森林、海洋、湿地、水域、冰川、草原、生物等珍贵自然资源,以及所承载的景观、地质地貌和文化多样性得到有效保护。包括森林公园、地质公园、海洋公园、湿地公园等各类自然公园。

资料来源:中共中央办公厅,国务院办公厅.关于建立以国家公园为主体的自然保护地体系的指导意见[Z].2019.

2021 年 10 月，我国正式设立三江源、大熊猫、东北虎豹、海南热带雨林、武夷山等第一批国家公园。虽然我国自然保护地体系仍在建设的过程之中，但除上述 5 个国家公园外，其他依法依规设立的自然保护区、风景名胜区、地质公园、森林公园等各类法定自然保护地仍然是未来自然保护地体系的重要组成部分。因此，本书中自然保护地仍沿用现有的各类法定自然保护地的名称。

专栏　现有部分自然保护地类型和定义

自然保护区是指对有代表性的自然生态系统、珍稀濒危野生动植物物种的天然集中分布区、有特殊意义的自然遗迹等保护对象所在的陆地、陆地水体或者海域，依法划出一定面积予以特殊保护和管理的区域。

风景名胜区是指具有观赏、文化或者科学价值，自然景观、人文景观比较集中，环境优美，可供人们游览或者进行科学、文化活动的区域。

地质公园是以具有特殊地质科学意义，稀有的自然属性、较高的美学观赏价值，具有一定规模和分布范围的地质遗迹景观为主体，并融合其他自然景观与人文景观而构成的一种独特的自然区域。

森林公园是指森林景观优美，自然景观和人文景物集中，具有一定规模，可供人们游览、休息或进行科学、文化、教育活动的场所。

国家湿地公园是指以保护湿地生态系统、合理利用湿地资源、开展湿地宣传教育和科学研究为目的，经国家林业局批准设立，按照有关规定予以保护和管理的特定区域。

资料来源：《自然保护区条例》《风景名胜区条例》《中国国家地质公园建设指南》《森林公园管理办法》《国家湿地公园管理办法》

由于我国自然保护地数量众多、类型多样，受时间和篇幅等限制，本书对研究对象作了一定的筛选。在理论和方法部分，本书尽量多选用已经列入世界自然遗产的自然保护地作为重点研究对象。一方面这些世界自然遗产地所依托的自然保护地类型多样，包括国家公园、自然保护区、风景名胜区、地质公园等多种类型，它们是自然保护地的精华所在，价值等级和保护要求都非常高。另一方面世界自然遗产地的保护管理既要考虑所依托的我国自然保护地的相关要求，又要符合世界遗产公约的有关理念，具有较好的代表性、典型性和示范性。在实践和案例部分，本书适当拓宽了研究对象的范围，增加了衡山、札达土林、贵州关岭等列入世界自然遗产预备清单的自然保护地作为实践案例。当然，重要的还是期望能通过这些有限的实例研究见微知著，窥斑见豹。

上篇　理论和方法

　　本部分针对我国自然保护地的现实特点，分析了乡村社区和自然保护地的关系以及相互影响的背景和机制，梳理了自然保护地和乡村发展的相关政策和理论，并对自然保护地和乡村社区协同发展的内涵、意义和方法等进行了探讨。同时，在总结相关规划及其技术要求的基础上，构建了自然保护地和乡村社区协同发展规划的系统框架，提出了自然保护地总体规划和自然保护地村庄规划等规划类型在促进自然保护地和乡村社区协同发展方面的技术路径、方法和研究重点，对各类相关规划的编制研究提供理论和方法上的指导和参考。

第一章
中国自然保护地乡村社区基本特征

一、概念界定与解读

"社区"一词起源于德国社会学家滕尼斯 1887 年出版的《社区和社会》一书，指的是基于亲族血缘关系而结成的社会联合。1936 年芝加哥大学教授 R.E. 帕克（Robert E. Park）将社区的基本特点概括为：一是有按区域组织起来的人口，二是这些人口不同程度地与其赖以生息的土地有着密切的联系，三是生活在社区中的每个人都处于一种相互依赖的互动关系。[①]学界普遍认为一个社区应该包括一定的人口、地域、设施、文化和组织。

中文"社区"一词是中国社会学学者 20 世纪 30 年代自英文翻译而来，在《中国大百科全书·社会学卷》中被定义为"以一定地理区域为基础的社会群体"。强调社区是建立在一定地理区域之内的，也可将社区理解为具有界线的社会生活共同体，是包括一定地域、成员、物质环境，并拥有共同文化的集体。其地理空间含义在于它总是具体指一定的地域，如一个村庄、一个居住小区等。因此，当人们提起社区时，人们习惯于将它理解为一个居住邻里或者村庄。

2000 年，中共中央办公厅、国务院办公厅转发的《民政部关于在全国推进城市社区建设的意见》中，明确社区是指聚居在一定地域范围内的人们所组成的社会生活共同体。按照这个定义，本书中的乡村社区主要指村庄及其附属的土地和其他资源，也可称为农村社区。[②]

---

① 徐永祥. 试论我国社区社会工作的职业化与专业化［J］. 华东理工大学学报（社会科学版），2000（4）：56–60.
② 按照《城乡规划法》，乡村包括乡和村，乡规划和村庄规划是有所区别的。同时鉴于当前国土空间规划中将乡和镇的国土空间规划作为同一个层级，因此，为了避免研究中不必要的解释和说明，暂将本书（上篇）中乡村社区主要界定为村庄（或者村庄社区）。

我国自然保护地内部及周边存在社区和居民众多的客观现实，既体现了我国悠久的人文历史以及人与自然共生的生存哲学，也是我国自然保护地的重要特征。事实上，对社区和居民的管理也一直是影响自然保护地管理成效的重要因素。当前，我国与自然保护地关系密切且数量最多的社区当属乡村社区。[①]

专栏1-1 相关概念

乡村：是指城市建成区以外具有自然、社会、经济特征和生产、生活、生态、文化等多重功能的地域综合体，包括乡镇和村庄等（《乡村振兴促进法》，2021年）

村庄：是乡村村民居住和从事各种生产的聚居点（《村庄和集镇规划建设管理条例》，1993年），有时候也被称为村落。我国的村庄是一个自治体，土地属于集体所有。在行政管理范畴中分为自然村和行政村。

自然村：是指乡村村民经过长时间在自然环境中自发形成的聚居点，还有一些不同的叫法，如屯、庄、店、庄台等。

行政村：是针对乡村基层管理形成的，是村民委员会管辖范围内的自然村的总和。

资料来源：
[1] 李京生. 乡村规划原理 [M]. 北京：中国建筑工业出版社，2018：4.
[2] 张泉，王晖，梅耀林，等. 村庄规划 [M]. 北京：中国建筑工业出版社，2011：2.

可能会有一些同行或朋友有这样的疑问，自然保护地内有乡村吗？不是都要搬迁吗？不是常听说某某自然保护地乡村居民点搬迁的报道吗？事实上，一些自然保护地在管理过程中，确有一部分乡村社区和居民会被搬迁至远离自然保护地的区域或城镇，但大部分乡村居民仍然生活在自然保护地内以及周边区域，这其中也包括在自然保护地整合优化[②]过程中通过

---

① 与自然保护地相关的城镇数量相对较少，且城镇与乡村发展模式有较大差异，因此城镇和自然保护地的关系将另行研究，本书上篇暂不涉及。
② 2020年，自然资源部和国家林草局启动了自然保护地整合优化工作，拟对交叉重叠、相邻相近的自然保护地进行归并整合，并拟对自然保护地边界范围和功能分区进行适当调整，以解决相关的历史遗留问题。

"开天窗"^① 等形式划出自然保护地范围的"天窗社区"。对于自然保护地内部的乡村来说，它们与自然保护地相互之间的影响自不必说，也可以认为它们是自然保护地的重要组成部分。对于自然保护地周边区域的乡村社区（尤其是"天窗社区"）来说，虽然它们在法律上不属于自然保护地，但在空间关系和科学意义上，这些乡村社区的生产、生活和自然保护地之间存在着千丝万缕的关系，它们相互影响，唇齿相依，荣辱与共。**因此，本书将这些与自然保护地密切相关、相互影响的乡村社区称为自然保护地乡村社区，它既包括自然保护地内部的乡村社区，也包括自然保护地周边一定范围内的乡村社区。**

我国自然保护地乡村社区作为我国广大乡村社区的一种特殊类型，承担着自然生态资源保护和乡村社会经济发展的双重责任和要求。一是乡村社区在发展过程中要依据相关法规或政策要求保护自然景观和生物多样性等自然生态资源；二是社区居民需要增加家庭经济收入，提高生活水平，促进乡村社会经济发展。统筹二者之间的关系，成为自然保护地发展过程中最为重要的难点之一，在实际的管理工作中如果处理不当往往产生矛盾，不但会给自然保护地带来不利的影响，也会给乡村发展带来种种弊端。

二、自然保护地乡村社区的空间特征

我国的自然保护地乡村社区由于和自然保护地存在密切的空间关系，体现出较为独特的空间特征。

1. 乡村社区的三生空间

从这类乡村社区的生活空间、生产空间和生态空间的关系来看，三者在一定程度上呈现分离却又紧密联系的特征。如某一自然村，其生活空间（住房或宅基地）往往设置在地势相对平坦、交通相对便利的区域；其生产空间，

---

① 本书中"天窗"社区指社区生活空间位于自然保护地闭合的界线范围内，但基于某些管理需要，将这类社区的生活空间以及周边用地以"开天窗"或者"掏深洞"的形式划出自然保护地范围。在法律意义上，该类社区生活空间不属于自然保护地范围，但从科学意义上来说，这些社区的生产生活仍然与自然保护地有千丝万缕的关系。具体可见图 1–1（b）。

如承包经营的林地、耕地、鱼塘和草场等又与住宅有一定距离；而部分集体林地虽然使用权属在乡村社区，但因位于自然保护地或其他重点生态区域而被划归公益林，因此成为纯生态功能的生态空间。三类空间土地权属都属于乡村社区，是居民生产生活的主要场所。它们联系紧密，在自然保护地中扮演着不同的角色。

从这类乡村社区的生产和生活活动来看，除了在宅基地的居住活动、在承包集体土地范围内的农业生产活动和部分农产品粗加工活动外，还存在到距离更远的村域外土地上采集资源或非法盗猎等活动。这也使自然保护地乡村社区与自然保护地的关系更为复杂，影响范围更广。因此，一般来说，这类乡村社区居民的生产生活对自然保护地产生影响的空间范围可分为三个层次，即在居住地的生活居住活动、在集体土地范围内的生产活动和在集体土地范围外的其他活动。在这三种空间范围内的居民活动各有特点，对自然保护地的影响方式和影响结果也有较大差异。

2. 乡村社区和自然保护地的空间关系

由于自然保护地范围的划定一般不以乡村社区的土地权属为依据，因此社区和自然保护地（边界）的空间关系存在一定差异，一般分为五种形式（图1-1）：生活空间和生产空间都在自然保护地内部；生活空间在自然保护地的"天窗"内，生产空间在自然保护地内部（或外部）；生活空间在自然保护地内部，生产空间在外部；生活空间在外部，生产空间在内部；生活空间和生产空间都在外部（边缘）。这五种形式对于我国大多数的自然保护地来说较为常见，基本可以概括我国自然保护地和乡村社区的空间关系。对于第五种形式也不能简单下结论说这种乡村社区与自然保护地关系不大，如水系上游的村庄对下游的自然保护地就会产生影响，污染空气的生产方式也会对自然保护地产生影响，也有居民可能会到集体土地以外的自然保护地从事经济活动，等等。

同时，由于自然保护地是对生物多样性、生态系统、自然遗迹、自然景观和文化遗存进行保护的空间，因此自然保护地乡村社区范围内普遍存在保护对象（表1-1）。如峨眉山（世界文化和自然遗产、国家级风景名胜区）中的低中海拔乡村社区聚集区，同样是生物多样性价值最高、各种珍稀濒危动

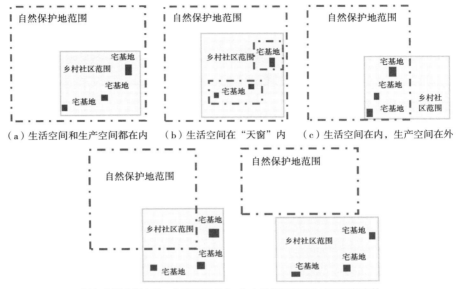

（a）生活空间和生产空间都在内　（b）生活空间在"天窗"内　（c）生活空间在内，生产空间在外

（d）生活空间在外，生产空间在内　（e）生活空间和生产空间都在外

图1-1　乡村社区与自然保护地空间关系

物分布最为集中的区域。因此，乡村居民的农林业生产和在宅基地开展的活动（主要表现为资源采集、建设活动、经营活动和非法活动几个类型），都有可能对保护对象造成影响。这些活动以不同方式和程度作用于自然保护地的保护对象，对生物多样性、生态系统和自然景观等产生不同程度的积极或消极影响。自然保护地作为特殊的自然生态区域，其乡村社区受法律法规、规划、管理等的约束和限制。某些自然保护地在乡村社区管理上稍有不慎，就可能引发社区和管理者之间的矛盾，甚至对保护对象造成不可逆的破坏，进而影响自然保护地的整体保护成效。

自然保护地乡村社区和保护对象的空间关系实例　　　　表1-1

自然保护地名称	乡村社区与保护对象的空间关系	社区名称
黄山	瀑布、奇石等分布在社区集体土地内	汤口镇翡翠新村
桂林漓江	峰林、漏斗等地貌要素分布在社区集体土地内	兴坪镇沙湾村
峨眉山	重要的动植物种类分布在社区集体土地内	黄湾镇龙门村
三江并流	重要自然生态系统要素分布在社区集体土地内	云岭乡

三、自然保护地乡村社区的发展特征

我国自然保护地乡村社区发展既具有我国乡村发展的一般特征，也具有自然保护地法规政策要求以及所在区域的个性特征。这些特征有时会由于叠加效应而更加显著。

1. 对自然资源的依赖程度较高

一般来说，我国的自然保护地往往拥有丰富的农业、林业、水等可利用的自然资源，为乡村居民维持最基本的生计提供了可靠的保障。同时，我国自然保护地大多数位于经济发展相对滞后的地区，居民点一般比较分散，再加上专业技术人员相对缺乏，难以跟上现代化农业发展的脚步，也强化了乡村发展对自然资源的依赖程度。当前我国自然保护地乡村社区居民利用自然资源的主要方式为传统种植、采集等。其中传统种植以当地适作的农作物为主，但是受到自然条件限制，可用于农业生产的土地资源一般都十分有限，因此种植业往往都规模较小，且收益较低。以武陵源（世界自然遗产、国家级风景名胜区、国家森林公园）为例，社区居民家庭耕地面积不足 1 亩① 的农户占 13.98%，家庭耕地面积超过 5 亩的农户仅占 19.89%。特色种养则主要依靠自然保护地森林资源，发展经济林以及林下经济作物，经济林主要以特色果品等苗木为主，林下经济则种类繁多，包括中药材、农业经济作物种植，以及生态家禽和牲畜养殖等。②

专栏 1-2　梵净山自然保护区及其乡村产业现状

梵净山国家级自然保护区位于贵州省铜仁市的江口、印江、松桃三县交界处。自然保护区总面积 419km²，其中，核心保护区 286km²，一般控制区 133km²。主要保护对象为黔金丝猴、珙桐和梵净山冷杉等珍稀濒危野生动植

---

① 1 亩 ≈ 666.7m²。
② 李湘玲，余吉安. 世界遗产旅游开发与新农村建设的互动发展机制研究：以张家界武陵源自然遗产为例［J］. 资源开发与市场，2012，28（2）：171-174.

物及原始森林生态系统。自然保护区涉及3县9乡（镇）、23个村、97个村民组，主要有土家族、苗族、侗族等少数民族。自然保护区内有6000余人，因交通闭塞和自然条件的制约，产业结构和经济来源较为单一，主要依靠耕种、打工、公益林补贴等，其中土地耕种是群众经济来源的主要部分。部分村庄因种植茶叶、药材等经济作物收入相对较高。另外有5000余人生活在保护区边缘地带的低山常绿阔叶林内，此部分人口虽然居住在保护区外，但大部分农事等生产活动都在保护区内，与保护区联系密不可分，对森林资源依赖较大。

资料来源：黎启方，李海波，钟华富. 梵净山自然保护区生态移民对策研究［J］. 农村实用技术，2018（09）：56-58.

2. 保护管理制度的约束影响较大

由于自然保护地一般位于生态环境敏感、经济不发达的边远地区，而且自然保护地与乡村社区往往资源交错，再加上乡村社区依赖自然资源的传统发展模式，乡村社区发展受生态保护政策制约的问题不断凸显。[1] 如我国南方许多自然保护地内及周边居民所属的集体林地大部分都位于自然保护地范围内，由于自然保护地相关法律法规严格限制木材采伐，这部分社区居民无法再通过伐木等为家庭带来直接经济收益。随着自然生态保护力度不断提升，生态保护政策对依赖自然资源的传统生产方式影响较大，如天然林保护、退耕还林等生态工程的实施使得社区居民对自然保护地自然资源的利用有限，采药、种植、伐木等直接依赖自然资源的传统生产方式受到制约，严重的可能导致发展停滞或陷入发展困境。[2]

另外，农业发展也会因为生态保护政策受到一定的限制。一方面，退耕还林等政策使农业生产用地减少；另一方面，自然保护地出于生态保护要求限制农药、化肥等农资的使用。这些都使得传统农业产量有限，制约社区居

---

① 宋莎. 基于自然资源依赖的秦岭大熊猫栖息地社区发展研究［D］. 北京：北京林业大学，2013.
② 段伟，赵正，马奔，等. 保护区周边农户对生态保护收益及损失的感知分析［J］. 资源科学，2015，37（12）：2471-2479.

民增收，也使得部分社区的农业发展受到限制。[①] 不仅是农业，周边社区旅游等产业的发展也会受到生态保护政策的制约。因此，如何优化产业发展路径，平衡生态保护与经济发展，对自然保护地及其乡村社区的可持续发展来说，是一个亟须解决的难题。

3. 乡村旅游业的逐渐兴起

自然保护地拥有丰富的自然和人文资源，且分布较为广泛，加之旅游产业具有较强的关联性和生产组织分散等特点，为乡村社区的广泛参与提供了条件。[②] 另外，自然保护地所在地域范围内许多简朴、自然、富有地方特色的村落建筑以及生产生活习俗和秀美的自然景观构成了一幅幅幽静恬美的田园风光图景，它们已经成为自然保护地旅游可持续发展的有机组成部分，[③] 在很多自然保护地，旅游业已经成为带动区域乡村发展的重要产业；并通过旅游推动产业经济向纵深发展，带动整个周边区域乡村的产业结构调整和优化发展，[④] 促进了乡村基础设施完善，对拓展当地农民就业渠道、促进农民增收起到非常重要的作用。事实上，许多乡村已经参与到自然保护地所在地域内各类型的旅游业之中。但是旅游对于自然保护地来说是一把"双刃剑"，尤其是旅游服务业，过度的旅游热给保护与管理带来诸多压力。因此，规范自然保护地乡村旅游业的发展，将自然生态保护、科普教育等功能有机地融入乡村旅游业之中，对于自然保护地及其乡村社区的可持续发展十分重要。

4. 组织管理较为复杂困难

我国乡村地区土地属于农民集体所有。20 世纪 70 年代末的农村土地制度改革将集体所有的农用地（包括耕地、草地和林地等）的使用权通过承包

---

① 李豫，初昌雄. 丹霞山世界自然遗产地与当地农村社区发展互动关系研究 [J]. 南方农村，2013，29（12）：45-51.

② 于立新，薛培芹. 旅游开发带动区域产业结构调整的实证研究：以四川九寨沟为例 [J]. 昆明大学学报，2007（2）：38-41，47.

③ 陈战. 农村与风景名胜区协调发展研究：风景名胜区内农村发展的思路与对策 [J]. 中国园林，2013（7）：104-106.

④ 鲁明勇. 邻近区域旅游企业合作的博弈分析：以张家界和凤凰为例 [J]. 科学技术与工程，2006（21）：3451-3454.

的形式分配给各个农户家庭，所以我国乡村地区土地、住宅、林木等不动产具有所有权和使用权分离的特点。因此自然保护地内的乡村管理往往会涉及村集体、个人和地方政府等多个利益主体。从管理权上看，地方各级政府对自然保护地所在行政辖区内的乡村社区具有行政管辖权，并涉及诸多社会经济管理权，而当地社区的村委会等乡村基层组织对乡村社区资产同样具有一定的管辖权和处置权。不论是土地使用，如居民点建设，通常都是由村委会向镇（乡）人民政府或者更上级人民政府的相关部门申请报批。当前我国自然保护地的管理机构一般是县（或者市）人民政府的派出机构，虽然对自然保护地的相关事务有专职行政管理权，但一般不能直接管理自然保护地内和周边乡村社区有关的社会经济事务。类似这样产权和管理权的复杂状况都增加了自然保护地管理的难度。事实上，乡村社区事务管理往往也成为最为困扰自然保护地管理部门的事务之一。

专栏 1-3　我国乡村土地制度现状的历史背景

从古到今，中国土地制度大致经历了共有制、井田制、私有制、均田制、公有制等多种典型形态。中华人民共和国成立后，我们党领导全国人民实行土改，废除了地主阶级封建剥削的土地所有制，实现了耕者有其田。随着社会主义改造完成，我国实行社会主义公有制，农村土地实行集体所有、集体经营，为改善农业生产基础设施条件、推广农业科学技术以及增加工业化发展原始积累发挥了积极作用。改革开放后，为适应农村生产力发展要求，在坚持土地集体所有的公有制形式的基础上，建立了以家庭承包经营为基础、统分结合的双层经营体制。

资料来源：中华人民共和国农业农村部网站 http://www.moa.gov.cn/

第二章
乡村社区对自然保护地的作用和影响

正如第一章所述，自然保护地乡村社区是指与自然保护地密切相关的乡村社区。从科学意义上来说，自然保护地乡村社区既可以认为是自然保护地的重要组成部分，也可以认为是与自然保护地共同构成一个整体。在历史的长河中，这些乡村社区与自然保护地相互影响，共同演进。事实上，不但国际社会对社区参与自然生态保护的重要性已经逐步达成了共识，而且我国传统的具有生态智慧的乡村社区生产生活方式对自然生态保护也起到了积极的促进作用。但随着工业文明的到来，在经济社会发展的大浪潮中，乡村社区的生产生活在多种背景的作用下对自然保护地的消极影响也逐渐显现。

一、乡村社区对自然生态保护的促进作用

1. 社区参与保护的国际共识

自然保护地社区是根植于自然保护地自然生态条件的一个特殊群体，在漫长的发展过程中与自然保护地形成了紧密的相互依存关系，积累了丰富的自然资源管理知识，也形成了丰富多样的传统文化。从全球范围看，大概有50%的国家公园和保护区位于原住民的土地之上。但是在过去相当长一段时间，自然保护地被认为应该维持一个绝对的无社区、无人类影响的状态，自然保护地社区被认为与自然保护地的保护目标相冲突。因此，很多原住民在国家公园建立的过程中遭到强制迁徙，被迫离开故土，失去了应有的权利。但随着对自然领域认知的不断深入，人们开始认识到自然与文化之间有着不可分割的密切联系。国际社会也意识到当地社区或原住民的传统生态智慧和

传统资源利用管理方式对自然生态系统和生物多样性保护有着积极意义，并逐渐发现文化多样性与生物多样性相互依存，也认识到尊重原住民权益的重要性，由此，社区在自然保护地中的作用开始逐渐被广泛认可。

近年来，国际社会对自然保护地社区和原住民的态度逐渐达成共识，并通过相关的会议宣言和政策理念得到了很好的诠释。除世界自然保护联盟在2003年世界公园大会上通过的《德班宣言》确认了原住民在自然保护地中的作用外，2007年，联合国大会也通过了《联合国土著人民权利宣言》（下文简称《宣言》），《宣言》明确了原住民在文化上的重要贡献，并重视其在诸多领域面临的不公平，同时倡议保障原住民的各项权利。《宣言》在国际领域确立了原住民的身份地位和相关保障措施。同年，联合国教科文组织世界遗产委员会通过了"5C战略"，其中第五个"C"即"社区"战略目标，目的是加强社区在执行《世界遗产公约》方面的作用，也强调应促进原住民参与世界遗产的申报、保护以及管理。

2. 我国传统生态智慧和社区实践

我国自古以来就孕育了人与自然和谐共处的思想。春秋战国时期著名政治家管仲在其著作《管子·地员》篇中提出："地者政之本也，辨于土而民可富"，阐释了人类发展应顺应和合理利用自然的思想。中国道家学派的始祖老子和庄子主张"天人合一"的思想。老子在涉及人和自然关系的问题上的名言是："人法地，地法天，天法道，道法自然"，认为人类应融入自然，顺应自然的规律。庄子也提出："天地与我共生，万物与我为一"，与老子的观点异曲同工。

基于这些"天人合一"的思想，在漫长的演变过程中，我国的先人们与自然形成了互利共生的关系，人类在从自然中获取自然资源的同时，坚持尊重自然、顺应自然、保护自然。乡村社区居民传统的生态智慧和宗教文化信仰赋予了社区更多与自然和谐相处、共生共荣的生存哲学，并在客观上起到了保护自然生态的作用。在相当长的一段时间内，乡村社区的生产生活对环境的负面影响一直维持在较低的水平。一些地区的传统生态智慧和生存哲学与时俱进，一直传承至今。如云南红河哈尼族村寨的传统农业生产方式和方法，以及村民对水源林、寨神林等森林资源的保护理念也促进了传统农业发展。类似这样的生态智慧，在许多村寨对森林、山地等进行管理的过程中传承和延续，限制了社区内外人员对资源的掠夺性利用。

当前，我国的自然保护地大多自然生态条件较为优越，其乡村社区在发展过程中也积累了一些较好的保护自然生态和生物多样性的经验和生态智慧。如一些自然保护地乡村社区传统的农业生产有利于保护朱鹮、黑颈鹤等珍稀动物，也能很好地融入自然生态环境。20 世纪 90 年代在我国江西婺源建立的第一个自然保护小区——鱼潭村保护小区就是乡村社区保护自然生态资源的典型实践。

专栏 2-1　红河哈尼梯田文化景观中传统生态智慧

红河哈尼梯田是哈尼族村寨利用当地"一山分四季，十里不同天"的地理气候条件创造的农耕文明奇观，据载已有 1300 多年的历史，并于 2013 年列入世界遗产名录（世界文化景观）。遗产地内根据山地农业的特征，"以水为肥，活水施肥"，创造性地采用"冲肥"和"赶沟"的高山农业施肥方式，不但避免了人工化肥造成土地板结、水源污染等生态问题，而且减少了乡村农业生产对环境资源的掠夺。

同时，红河哈尼村寨在乡规民约中关于森林的保护有着严格的规定与禁忌。水是哈尼梯田农业生产和哈尼族繁衍生息的命脉，而其产生和循环离不开高海拔地区的水源林，水源林是红河哈尼梯田系统的"绿色水库"和"高

山水塔"。寨神林通常位于哈尼族村寨上方,是哈尼族的宗教禁地和心灵家园,是举行"昂玛突"节的祭祀场所,同时具有维护生物多样性、涵养水源等生态功能。村寨周边的防护林具有防火、防风、景观等多重功能,是哈尼村寨的生态屏障。

　　资料来源:高凯,符禾. 生态智慧视野下的红河哈尼梯田文化景观世界遗产价值研究 [J]. 风景园林, 2014 (6): 64-68.

专栏 2-2　鱼潭村保护小区

　　鱼潭村保护小区在土地权属上属于集体所有,由鱼潭村村委会申请,婺源县人民政府批准建立。该保护小区不同于自然保护区,在管理上由村委会经营,不属于政府编制序列。保护小区由于顺应当地群众保护周边自然环境的要求,很快在婺源县得到推广。1995 年,原林业部将婺源县建设保护小区的做法誉为"婺源模式"。

　　资料来源:李晟之. 社区保护地建设与外来干预 [M]. 北京:北京大学出版社, 2014: 17.

二、乡村社区对自然保护地的消极影响

　　在我国经济社会发展的大浪潮中,我国自然保护地乡村社区传统生产生活方式受到了现代生活的影响,对自然保护地产生了不同程度的消极影响。造成这些影响的既有宏观的背景因素,也有我国乡村发展的普遍的阶段特征,并因自然保护地作为特殊的法定管理区域逐渐而凸显出来,呈现不同的影响形式和机制。

1. 影响的宏观背景和重要因素

　　(1)自然保护地普遍存在生态脆弱性成为社区影响的自然背景

　　我国自然保护地大多由于有良好的生态条件及所处地理区位,生态系统的脆弱性普遍较高,并且容易在气候变化、灾害性天气和人为干扰的条件下表现出来。而在气候变化的背景下,洪水、强降雨等极端天气事件和干旱

等气候事件的发生频率和强度将提高，对生态系统的影响进一步加剧。[1][2]而部分自然保护地由于山高坡陡、水系密布、岩石裸露，植被一旦破坏，将难以恢复，而且极易发生山崩、滑坡、泥石流和水土流失等自然灾害，生态系统稳定性比较差。[3]如我国自然遗产地荔波喀斯特（茂兰国家级自然保护区）由于喀斯特地貌发育强烈，山峦起伏，河谷深切，地形地貌复杂，原生植被生长缓慢，对环境变化极为敏感，容易退化。原有乡村居民由于生活能源缺乏，砍伐和破坏原生植被，使原本脆弱的生态环境遭到破坏，水土流失加剧，基岩裸露面积增大，缓冲区与核心区局部地区有不同程度的石漠化现象发生。[4]

（2）自然保护地人口不断增长成为社区影响的基础社会背景

人口增长是引起环境问题和资源保护压力的一个全球性背景，而这种情况在生态脆弱性普遍较高的自然保护地环境下，引发的问题往往更加严峻。一般情况下，只要人口数量没有超出某一地区的生态承载力，且社区居民没有从事破坏性的生产生活活动，那么可以认为这一区域的总体发展模式处于一种可持续的状态。但是如果人口的自然增长突破生态承载力，且环卫污水等基础设施处理能力跟不上污染物产生的速度，那么则可能引发水体污染、土壤污染等环境问题。此外人口增加极可能增加对土地的开发利用，或者由于人口增加引起的建设活动数量增加、土地利用强度加大、村庄建设无序等一系列与自然生态保护相关的问题，这些均会对自然保护地带来消极影响。此外，外来人口也是一个重要的影响因素。对于某些旅游发展条件较好的自然保护地来说，外来人口通过婚嫁、联合经营旅游等方式长期居住在自然保护地内，使得自然保护地乡村社区的人口机械增长速度远远超过自然增长，给自然保护地带来了不可避免的生态环境压力。

[1] 丁一汇，任国玉，石广玉，等．气候变化国家评估报告（Ⅰ）：中国气候变化的历史和未来趋势［J］．气候变化研究进展，2006（1）：3-8，50.
[2] 林而达，许吟隆，蒋金荷，等．气候变化国家评估报告（Ⅱ）：气候变化的影响与适应［J］．气候变化研究进展，2006（2）：51-56.
[3] 邹波，刘学敏，宋敏，等．"三江并流"及相邻地区绿色贫困问题研究［J］．生态经济，2013（5）：67-73.
[4] 李波，周忠发，刘梦琦．"中国南方喀斯特"荔波自然保护地水土流失现状与驱动力分析［J］．水土保持通报，2010，30（1）：236-239.

（3）旅游发展成为某些自然保护地社区影响的推动因素

2019 年，我国旅游人数达 60.06 亿人次，入境旅游人数 1.45 亿人次。[①]
旅游成为衡量现代生活水平的重要指标，成为人民幸福生活的刚需。很多地
方的绿水青山、冰天雪地正在通过发展旅游转化为金山银山。我国大部分自
然保护地所具有的自然和文化资源，自古就是民众心目中向往的户外游赏目
的地，许多自然保护地从多年前就开始成为我国户外旅游的热点地区，黄山、
武夷山、泰山等都成为享誉国内外的旅游胜地。旅游业的发展极大地刺激了
自然保护地旅游经济的快速增长，但是也带来了不同程度的生态环境损害。
具体到乡村社区层面，反映在乡村社区为了参与旅游扩大接待设施的建设，
对自然保护地的景观风貌造成破坏；匮乏的基础设施和超量的游客接待导致
污水等废物得不到及时处理而污染生态环境；在社区土地上开展的游览活动
直接导致生态环境受到损害等。这些问题的长期存在加剧了自然保护地生态
系统退化等环境问题。另外，值得一提的是，某些自然保护地旅游业的繁荣
在相当程度上并未使乡村社区居民直接受益，反而使其成为旅游负面影响的
承担者。

（4）乡村土地制度与多元权属影响了社区的有效治理

20 世纪 70 年代末，我国通过农村经济体制改革，建立了联产承包和包
干到户的土地制度，土地的产权归村集体，"集体"在一定范围内将农村土
地经营或使用权下放给农户，这也成为当前我国农村土地制度的基本特征。
就我国的自然保护地乡村社区来说，土地虽然属于农村集体所有，由村民承
包使用，但土地的生产方式、管理形式受自然保护地相关政策和制度的限制，
导致自然保护地乡村社区在经济、社会、文化和行政管理等方面受到诸多的
影响。土地承包制虽然有利于调动以家庭为单位的农民生产的积极性，但使
得农民在行使土地使用权时，很大程度上会考虑自身的受益，不可避免地削
弱了乡村社区参与自然生态保护的主动性和积极性。从管理权上看，我国自
然保护地的管理机构虽然是自然保护政策实施的监督者和执行者，但一般不
能直接管理乡村社会经济的相关事务。因此，在这种情况下，如果乡村社区

---

① 中华人民共和国文化和旅游部．2019 文化和旅游发展统计公报［R］．2019.

得不到有效的治理，缺乏有力的组织，那么社区参与自然资源保护也很难实现。另外，我国自然保护地普遍存在于相对偏远的地区，对于如何统筹和协调自然保护地和乡村社区的组织管理很大程度上取决于村两委（村支部、村委会）和自然保护地管理部门工作人员的素质、管理能力和协作精神。

2. 影响的形式和机制

（1）自然资源的过度获取活动

我国的乡村地区一直保留着从野外获取自然资源的传统，这类活动包括：采集植物，用作食品或药品；采伐树木，用作薪柴或用于加工其他产品；猎取动物资源，以获取皮毛和肉等。自然保护地乡村社区也不例外，许多社区居民仍沿袭"靠山吃山、靠水吃水"的传统生产方式，通过采集、狩猎、砍伐、采石、采矿或其他活动来获取自然资源。自《野生动物保护法》颁布后，捕猎野生动物的行为得到有效遏制。但是某一类自然资源遭到过度采集后，依然可能对生物种群和整个生态系统造成负面影响。以四川大熊猫栖息地[①]为例，其范围内的自然保护地多处于偏远地区，自然保护地内的乡村社区的生产生活依然维持着对自然资源高度依赖的状态，传统农业耕作和自然资源采集是主要的生活来源，也成为重要的干扰源，其中放牧、采药、垦荒、耕种是这种人为干扰的具体形式。但是由于放牧，人类和牲畜活动范围扩大，与大熊猫的栖息地重合；砍伐活动对植被的破坏，影响了大熊猫栖息地的质量。凡此种种，对大熊猫的生长和繁衍造成了不良影响。随着自然保护地乡村社区经济发展途径的增多以及国家对自然资源保护力度的加大，盗猎、盗伐和其他非法获取资源的活动正逐渐减少。但在偏远地区的自然保护地，仍有少数乡村社区居民以自然资源作为生活的主要来源，非法获取资源的活动仍偶有发生。

（2）农业生产导致的生境侵占和破坏

当前我国自然保护地乡村产业大多仍然以农业、牧业为主，主要粮食作物为水稻、小麦、玉米等，主要经济作物为茶叶、蔬菜瓜果等。在自然保护

---

① 四川大熊猫栖息地（世界自然遗产地）由卧龙自然保护区等多个自然保护区和风景名胜区组成。

地周边区域经济发展的刺激下，这些乡村社区也希望不断提高自身的经济收益。但由于缺乏应有的发展机遇和发展动力，再加上缺乏其他增收的途径或生产技术，居民们仍希望通过增加生产空间来获取更多的经济收益，如砍伐林木增加园地来种植农田、茶叶或其他经济作物等，这导致自然保护地内野生动植物的生境遭到侵占或破坏。

对于以牧业为主的乡村社区，普遍存在家畜跟野生动物争夺牧草资源的现象，自然保护地原有生态环境和野生动物的正常繁衍受到了威胁。而过度放牧导致栖息地范围缩小、质量下降，进一步导致野生动物的分布区域缩减。以三江源国家公园（可可西里地域）[①] 为例，过度的放牧活动引起草场退化，不断扩大范围的牧民分布点也增加了人兽冲突的可能性，对野生动物生存和牧民的生产生活都产生了不利影响。此外，由过度放牧导致的土地沙化等现象在三江源国家公园其他区域也同样存在。

（3）建筑设施扩张侵占自然空间

在自然保护地旅游发展和人口增长的背景下，建设活动侵占自然空间的情况屡屡发生。特别是对于开展自然保护地旅游服务的乡村社区来说，当地许多村民往往从事与旅游相关的产业，希望依靠参与旅游服务来增加收入。在这一类社区中，一些居民受经济收益驱动，可能会通过各种（合法的或者非法的）途径来蚕食或侵占村庄周围的自然生态空间，用来建设更多的旅游服务设施，以获取更多的经济收益，这样的现象较为常见。这些不断侵蚀自然生态空间的建设活动，对自然保护地及其生态环境产生了较大的负面影响。

在对某一旅游业快速发展的自然保护地进行调研后发现：该自然保护地内的居民以住宅重建、改建为契机，加盖扩建住房，从事农家乐经营，据不完全统计，有 600 多户居民违规加建房屋。同时该自然保护地内旅游发展较快的村庄则开始谋求将宅基地集中起来，建设旅游服务基地。相关统计数据显示，该自然保护地内宅基地登记面积为 33.66hm²，超建面积为 59.14hm²，超建比为 1.75。按照层高 1.3 层的均值推算，该自然保护地内建设总量为 120.64 万 m²。另外，超过 79% 的受访居民有强烈的住房改建需求。大多受

---

① 2021 年三江源国家公园设立后，该区域实际位于该国家公园长江源区北部区域。

访居民向村委会、自然保护地管理部门提出过房屋改建、翻修申请，但未被批准的比例占 46.5%，这引起了居民的诸多不满。如果未来缺乏对居民住房建设（改造）进行有效控制和引导的相关规划和政策，违规建设的现象将会更加突出。

通过以上案例分析，一方面，我们可以较为清晰地认识到自然保护地内确实存在建设设施对自然生态空间不断侵蚀的现实和驱动机制；另一方面，也需要意识到严格的管控要求可能会影响社区居民正常的生产生活，但是却没有其他途径进行合理补偿，这激发了社区居民产生不理解、不支持的负面情绪，间接影响了居民对自然保护地的保护意愿，也可能使破坏生态环境的行为屡禁不止。

（4）建筑风貌缺乏控制影响整体形象

我国自然保护地乡村建设活动，除可能侵占自然生态空间外，还可能由于其建筑风貌缺乏科学的规划控制和引导，而对自然保护地产生不同程度的负面影响。一方面，由于过于严苛的建设管控措施，如"一刀切"绝对禁止任何建设，使得村庄内老旧简陋住房得不到翻新或新建，人口的增长导致住房紧张，常出现"三代同堂"甚至"四代同堂"现象，影响了村民的生活水平，破旧的村庄风貌也影响了整体环境品质。另一方面，在旅游服务业发展较好的自然保护地乡村，由于经济利益的驱使或建设用地限制等原因，私搭乱建、未批先建、批少建多等现象屡见不鲜，使得一些村庄内建筑密度不断增加，景观风貌杂乱无序。同时现代建筑材料和建筑技术的无序使用使得自然保护地乡村社区依靠自然环境形成的传统建筑特点、建筑风貌加速改变，建设无序、缺乏地域特色等现象凸显。这些缺乏科学控制和引导的建设活动，不但损害了自然保护地内乡村的传统风貌和传统文化价值，而且由于风貌较差或者与整体自然环境不协调等，也损害了自然保护地的整体形象（图 2-1）。

（5）基础设施薄弱带来环境污染

基础设施薄弱在我国乡村中是普遍存在的问题。对于自然保护地来说，由于其大多位于远离城镇等基础设施建设较为完备的区域，因此其内部乡村基础设施短缺与建设滞后的情况尤为突出，"乱""脏""杂"等现实情况普遍

图 2-1　部分自然保护地内乡村建筑风貌

存在。一些自然保护地乡村社区既没有自来水，也没有排污管网，村民的生活生产用水主要依靠收集地表水或开采地下水，生活污水就地渗透排放，用水难、排水随意等造成环境污染的情况较为严重。乡村内部及周边的生态环境质量堪忧，不但给村民的生活以及游客的体验带来了较大的负面影响，而且对自然保护地的生态环境和自然资源也构成较大的威胁。其中既有经济发展较为落后、保护管理意识滞后等方面的原因，也有缺乏科学合理的规划指引的原因。就自然保护地总体规划或者乡村规划来说，如果深度和内容不足就会导致自然保护地基础设施建设无法满足居民生产生活的要求；如果管理机构实施和执行规划的能力不足，或者管理部门和当地社区意识不到基础设施的重要性，也会导致社区基础设施本应该建设的内容无法完成，本应该控制的污染没有得到有效控制。

（6）人兽冲突

根据世界自然基金会（World Wide Fund for Nature，简称 WWF）的定义，人兽冲突是指发生在人和野生动物之间，对双方都造成消极影响，如恐惧、受伤、死亡和财产或生计损失的事件。其发生的主要原因是人与野生动物活动和资源利用空间重合。常见的人兽冲突表现为牲畜损失和作物破坏、野生动物攻击人类造成人员伤亡、报复性杀害野生动物等。冲突带来的隐性伤害包括受伤、生理和心理健康受损、失去生计和食物保障、债务增加或贫困加剧，以及作物产量损失等。如在 2021 年有关"云南大象北迁""野猪进村"等的新闻热点事件在某种程度上也是人兽冲突的具体表现。

3. 影响机制下乡村社区分类

乡村社区对自然保护地的影响是在生态和社会背景共同作用下，由宏观因素和微观机制、内因和外因共同叠加而形成的。根据主导驱动机制类型可将自然保护地乡村社区分为生存依赖影响型、传统生产影响型、旅游产业影响型、开发建设影响型、非法活动影响型五种。每一种社区类型的驱动力不尽相同，同一社区也可能兼具不同类型的影响方式。

（1）生存依赖影响型

这类乡村社区一般多分布于交通不便的西部地区自然保护地区域，如大熊猫栖息地（含多个自然保护地）、三江源、三江并流等区域。这类社区的普遍特征是地处偏远，自然条件较好，但自然环境和地理区域不允许开展成规模的农业生产活动，加之交通条件所限，也无法参与到旅游当中。而乡村社区家庭收入来源大多只能依赖有限的、原始的自然资源获取方式（采集、耕作）来获取收入、自给食物和获取能源等。由于身处偏远的区域，社区居民普遍受教育程度不高，自然生态保护的意识较为欠缺。从生态环境特征来看，这类自然保护地所在的区域生态脆弱性较高，在气候变化的背景下更易受到包括社区活动在内的外力干扰和破坏。

（2）传统生产影响型

这类乡村社区一般多分布于中西部农牧业生产较为发达的自然保护地区域，如武夷山、神农架、楠溪江等。社区通过耕种粮食、种植茶叶和果蔬等特色农产品、放牧等获取经济收益。这类社区有开展大规模农业生产的自然地理条件，但自然保护地本身生态的脆弱性，以及传统农业（包括种植业、牧业）中存在的部分不科学和不可持续的生产活动，容易导致动植物栖息地破碎化、水土流失、土壤污染等。这类社区一般来说土地资源相对较好，但是社区居民受教育程度不一，对自然生态保护的态度和理解也有所差异。

（3）旅游产业影响型

这类乡村社区一般多分布于中东部地区，且自然保护地多为名山大川，或者是在民众中知名度较高，也可能自古就是民众向往的旅游目的地。如三山五岳、峨眉山、武陵源等。这些自然保护地普遍拥有良好的自然景观和文化遗存，部分还拥有良好的生物多样性特征。在我国旅游发展的大背景下，这类自然保护地吸引着来自区域、全国乃至全世界游客的关注，游客量随着经济的发展和对外开放程度逐渐增加。很多乡村社区利用自住房开展旅游接待活动，承担了部分旅游服务的功能和角色。但由于缺乏必要的管控措施，内部协调机制不完善，加之缺少必要的基础设施以及过量的旅游设施建设、生活污染物排放等干扰因素，自然保护地的自然景观、生态环境和野生动植物资源等都容易受到不同程度的影响和威胁。

（4）开发建设影响型

这类乡村社区一般多分布于中东部交通和区位条件较好的自然保护地边缘或邻近的缓冲区，自然地理条件较好且大多临近交通干道，区位条件优越。在经济快速发展的背景下，这类社区依托优良的自然生态条件，大多具备了旅游集散和接待的重要功能，实际也承担了周边区域富余劳动力转移、提升区域经济发展水平的作用。道路交通、各类基础设施和旅游服务设施等的开发建设活动在这类社区中比比皆是。但由于缺乏有效具体的规划管控和引导，随之而来的不协调的建设风貌、空间格局等给自然保护地的自然景观带来了负面影响，噪声、水污染、固体废物污染等也对自然保护地的生态环境造成了不同程度的损害。

（5）非法活动影响型

这类乡村社区一般通过非法捕猎、非法采伐、非法采挖等获取自然资源以谋取非法利益。总体而言，这类社区在许多边远自然保护地有少量存在，但在当前国家管控力度加大，生态保护宣传力度加强的背景下，这类违法活动总体数量在逐年减少，其负面影响也逐渐降低到可控范围之内。

第三章
自然保护地和乡村社区协同发展的理论基础

　　建立以国家公园为主体的自然保护地体系和实施乡村振兴战略都是党的十九大报告中提出的重大改革和历史任务。这两项重大任务在自然保护地所在区域如何统筹落实，值得研究和思考。通过梳理对自然保护地和乡村发展的相关理论和实践，会发现无论是自然保护地还是乡村发展，其实都有着较为深厚的政策背景，也有着较为扎实的理论支撑体系。虽然从表面上看，在自然保护地及其影响范围内，统筹协调这两类理论和政策存在一定的难度，但事实上，这些理论和政策为促进自然保护地和乡村社区协同发展奠定了扎实的现实基础。

一、自然保护地相关理论和政策

1. 生态文明思想与自然保护地

　　生态文明是指人与人、人与自然、人与社会和谐共生、良性循环、持续发展、低碳发展、共同繁荣的美好的文明形态。[①] 生态文明同农业文明和工业文明的最大差异在于，生态文明更为强调和注重人类在对自然进行改造时要以保护和尊重自然为前提，以可持续发展为原则，以尊重和保护生态环境为宗旨，为子孙后代得以继续繁衍生息考虑，它强调的是人类的自觉性，倡导的是人与自然之间相互依存、共同繁荣。[②] 生态文明既是人类文明发展所

---

① 穆艳杰，郭杰. 以生态文明建设为基础 努力建设美丽中国 [J]. 社会科学战线，2013（2）: 57–62.
② 张子玉. 中国特色生态文明建设实践研究 [D]. 长春: 吉林大学，2016.

追求的最高形态和理想境界，又是人类文明生态变革、绿色创新与全面生态化转型发展的具体实践，是理想与现实有机统一的历史生成过程。要实现生态文明，就必须要在政治、社会、经济等各方面建设中践行生态文明的思想和理念。①

《关于建立以国家公园为主体的自然保护地体系的指导意见》（以下简称《指导意见》）首先明确了"建立以国家公园为主体的自然保护地体系是贯彻习近平生态文明思想的重大举措"，还提出了"自然保护地是生态建设的核心载体"，"在维护国家生态安全中居于首要地位"。那么习近平生态文明思想的主要内涵是什么呢？依据《习近平新时代中国特色社会主义思想学习纲要》，简而言之，包括但不限于以下几个方面：一是坚持人与自然和谐共生，强调人与自然的关系是人类社会最基本的关系，强调要把天地人统一起来，按照自然规律活动，取之有时，用之有度。二是绿水青山就是金山银山，即"两山理论"，强调生态环境保护和经济发展不是矛盾对立的，而是辩证统一的。经济发展不应是对资源和生态环境的竭泽而渔，生态环境保护也不应是舍弃经济发展的缘木求鱼，而是要坚持在发展中保护、在保护中发展。三是"统筹山水林田湖草系统治理"，强调要用系统论的思想方法看问题，从系统工程和全局角度寻求新的治理途径。②

因此，建立以国家公园为主体的自然保护地体系就要积极践行生态文明思想，坚持绿水青山就是金山银山的理念，运用系统论的思维，努力实现人与自然的和谐共生。

2. 系统论与自然保护地

系统论的产生在东西方文明中都有着深远的思想渊源。中华民族自古以来就把宇宙万物看成一个巨大的系统，建立了以天、地、人和谐统一为内容的整体思维模式，老子《道德经·二十五章》："道大、天大、地大、人亦大，域中之四大，而人居其一焉。人法地、地法天、天法道、道法自然。"③ 天、地、

---

① 时姣. 论社会主义生态文明三个基本概念及其相互关系 [J]. 马克思主义研究，2014（7）：35-44.
② 中共中央宣传部. 习近平新时代中国特色社会主义思想学习纲要 [M]. 北京：学习出版社，2019：167-173.
③ 占毅. 从我国古代系统思想看现代可持续发展观 [J]. 系统辩证学学报，2004（4）：102-105.

人都是以道为本源的宇宙系统中的子系统，它们之间既有层次之分，又有着内在的联系。[①] 现代系统论思想公认由美籍奥地利生物学家 L.V. 贝塔朗菲（L.Von.Bertalanffy）创立，1937 年贝塔朗菲首次提出一般系统论的概念，他认为系统是相互联系、相互作用着的各元素的集合或统一体，它是处于一定的相互关系中并与环境发生关系的各个组成部分的总体。[②] 我国著名科学家钱学森教授长期致力于发展系统科学的基本理论，提出了原创性的"开放的复杂巨系统及其方法论"，为发展系统科学中国学派奠定了坚实的基础。钱学森认为系统是由相互作用和相互依赖的若干组成部分合成的具有特定功能的有机整体，而且这个系统本身又是它所从属的一个更大系统的组成部分。[③] 因此，要构成一个系统，必须满足三个条件：首先要有两个以上的组成要素；其次各要素之间要相互联系、相互作用；再次，各要素之间的联系与作用必须产生整体功能。系统论认为，世间万物都是以系统形式存在的，在认知世界的过程中，每个所要研究和关心的问题和对象都可以看成是一个系统，可以用整体和综合分析的思维方式认识问题内在的、必然的联系。

当我们用系统论的观点看待自然保护地，自然保护地可看作以系统的形式存在，并且以系统的形式被认知和分析。从构成系统的内容来看，自然保护地系统既包括山水林田湖草等自然生态资源形成的多个保护类子系统，也包括以人类活动为主的子系统。前者是自然保护地主要保护对象的物质载体，后者是自然保护地内部和周边社区的居民以及访客等。两大类子系统之间相互关联、相互影响。

从系统论的目的性观点来看，人类的一切实践活动都具有目的性，人们首先确定系统应该达到的目标，然后在尊重客观规律的基础上，通过反馈作用调节和控制，使系统顺利地向预期目标发展。自然保护地应该始终以自然生态资源保护为出发点和落脚点，将其作为大系统的总目标，来协调各类对象要素保护、社区发展、可持续利用等子系统的分目标，分目标服从总目标，子系统在总目标的引导下完成分目标。

① 史建玲，孙育成. 中国古代系统思想浅论［J］. 科学技术哲学研究，1993（1）：37–42.
② 孙建华. 基于系统论和博弈论的区域生态经济管理体系研究［D］. 重庆：重庆大学，2005.
③ 钱学森，等. 论系统工程［M］. 长沙：湖南科学技术出版社，1982.

从系统论的整体性和相关性观点来看，系统的整体属性与功能是由组成系统各要素的性质、数量以及系统的结构共同决定的。系统中每个要素与其他要素密切相关，往往某个要素发生了变化，其他要素也会随之变化，并且引起系统整体的变化。自然保护地是一定尺度内多要素整合形成的地域综合体，既包括山形水势、生物地质等各类自然生态要素，也包括人和自然在长期交融互动中形成的可以被人们感知到的文化和地域特色。因此，自然保护地保护必须从整体出发，从系统、要素、背景环境的相互作用中探求系统整体的规律。

从系统论的动态性观点来看，任何系统都是作为过程而展开的动态系统，具有时间性程序。[①] 动态性观点要求我们以发展变化的观点来看待问题，分析事物发展的历史、现状、变化规律以及发展趋势，并在动态中平衡系统，调节系统的运动过程。自然保护地本身处在不断的变化之中，这些变化与自然演进过程和人类活动相关，因此，自然保护工作一方面要不断地评估这种变化是否与自然保护地的管理目标一致，做好自然保护地的监测工作；另一方面要识别引起自然保护地动态变化的因素并评估这种变化可能带来的改变，依据此动态调整保护策略，以实现自然生态资源的动态完整保存。

3. 可持续发展理论与自然保护地

现代的可持续发展的概念最早于 20 世纪 60 年代出现，当时环保人士开始关注经济对生态环境的影响。自此，社会各界开始提出和讨论有关可持续和可持续发展的不同定义，其中最为广泛采用的是联合国环境与发展世界委员会于 1987 年发表的报告《我们的共同未来》（又称《布伦特兰报告》）中有关可持续发展的定义："既满足当代人需要，又不对后代人满足其需要的能力构成危害的发展。"[②] 1992 年联合国环境与发展大会发布的《里约宣言》和《世纪议程》正式提出可持续发展道路。

可持续发展理论包含生态、社会和经济三个维度。自然生态环境是人类生存发展的基础，可持续发展要以保护自然生态环境为首要任务，做到与资

---

① 王晖．科学研究方法论［M］．2 版．上海：上海财经大学出版社，2009.
② 国际环境与发展研究所．我们共同的未来［M］．北京：世界知识出版社，1990.

源和环境的承载能力相协调，使人类的发展保持在生态环境承载能力之内。可持续发展同时也是社会的持续发展，可理解为人类福祉的提升，包括收入、福利以及生活品质的提升。因此，可持续发展要以改善和提高生活质量为目的，与社会进步相适应。可持续发展的内涵应包括改善人类生活质量，提高人类健康水平，并创造一个保障人们享有平等、自由、教育、人权和免受暴力的社会环境。[①] 经济发展是国家实力和社会财富的基础，可持续发展也应在自然与生态的承载力范围内鼓励经济增长，改善传统的生产方式，推进清洁生产和文明消费。

　　自然保护地是生态建设的核心载体，是人类社会的宝贵财富。实现自然保护地可持续发展既是建设健康稳定高效的自然生态系统的必要条件，也是实现区域经济社会可持续发展的重要基础。自然保护地可持续发展涉及多个方面，既包括自然生态及其文化资源的良好保护，强调生态为民，也要注重和引导自然保护地社区可持续发展。

　　社区的可持续发展是自然保护地生态可持续管理的重要推动力。依据可持续发展理论，在保护自然生态资源的前提下，应切实保障自然保护地社区的发展权。自然保护地管理既要确定可持续发展政策，强调社区本身的权利，同时也要促进社区在自然保护地管理中发挥作用。自然保护地管理工作应平衡生态保护与社区发展的关系，应注重通过生态治理、环境整治等方式改善社区生态生活环境质量，保障社区享有生活质量提高与改善的权利。在不破坏自然生态环境的前提下尽可能提升公共服务水平，提升居民的收入水平，提高生活福祉。同时，应研究社区生产生活方式对自然保护地资源可能存在的威胁，并通过引导当地社区发展生态友好型产业以及生态补偿等来推进社区绿色发展，在自然与生态的承载力范围内优化资源的可持续利用方式，提高社区农业生产系统对自然灾害的适应能力。此外，还应积极发挥当地社区生态保护的主观能动性，充分尊重当地社区传统的生活生产方式，让社区深入参与到自然保护地的管理工作中去，保障其平等使用自然和文化资源的权利。生态旅游作为当前我国自然保护地可持续发展的重要内容，也强调自然

---

① 赵昌文. 贫困地区可持续扶贫开发战略模式及管理系统研究 [M]. 成都：西南财经大学出版社，2001.

保护地的旅游活动应从长远利益出发，在为旅游者提供高质量旅游环境的同时，提升当地居民的生活水平，并保持和增加社区居民未来的发展机会。

二、乡村发展的相关实践和政策

乡村是具有自然、社会、经济特征的地域综合体，兼具生产、生活、生态、文化等多重功能，与城镇互促互进、共生共存，共同构成人类活动的主要空间。乡村兴则国家兴，乡村衰则国家衰。[①]对乡村发展问题的重视体现了我国的基本国情。

1. 现代乡村发展与实践

20世纪初，中国农业经济濒临崩溃，人口外流现象严重。乡村的衰败激起了众多有识之士的救国热情，使"乡村建设运动"在农村地区兴起。这一时期各地形成多种较为成功的乡村建设模式，其中影响最大的是晏阳初领导的"河北定县"模式和梁漱溟领导的"山东邹平"模式。乡村建设运动是一场民间发动的自下而上、去精英化的乡村建设实践，在实践中针对当时乡村发展存在的现实问题探索乡村建设理论体系。从乡村建设运动的方法论看，它重视乡村教育，通过教育启发民众，强调运用社会力量进行乡村组织建设，鼓励运用合作化的方式推进乡村经济建设，坚持村民自治的乡村治理道路。[②]

新中国成立后，乡村地区的全面社会主义改造和公社化运动是当时相当长一段时间内乡村发展的主要任务。20世纪50年代，我国就提出要建设社会主义新农村，主要目的是满足农民的生活基本需要，维持农村和全社会的安定。1978年，农村家庭联产承包责任制的实行，使农民获得了土地经营使用权和生产经营自主权，激发了农村地区的经济活力，农业生产效率迅速提高，农业劳动力向非农产业转移速度加快。

---

① 中共中央，国务院. 乡村振兴战略规划（2018—2022年）[EB/OL].［2021-08-17］. http://www.gov.cn/zhengce/ 2018-09/26/content_5325534.htm.
② 胡玲玲. 民国时期"乡村建设运动"经验对当前乡村治理的启示[J]. 淮海工学院学报（人文社会科学版），2016，14（5）：100-103.

2000 年以后，随着城镇化进程加快，城乡矛盾突出，异地非农化倾向以及持续大规模的人口流动，对农村地区发展的影响进一步加深。[①]2003 年，从经济社会发展阶段性特征出发，我国提出了建设社会主义新农村的战略构想。2005 年 10 月，党的十六届五中全会通过的《中共中央关于制定国民经济和社会发展第十一个五年规划的建议》中指出，"建设社会主义新农村是我国现代化进程中的重大历史任务"。要按照"生产发展、生活宽裕、乡风文明、村容整洁、管理民主"的要求，坚持从各地实际出发，尊重农民意愿，扎实稳步推进新农村建设。[②]

2008 年，党的十七届三中全会通过的《中共中央关于推进农村改革发展若干重大问题的决定》提出，要统筹城乡发展，逐步消除城乡二元结构，建立以工促农、以城带乡的长效机制，建立促进城乡经济社会发展一体化制度，形成城乡经济社会发展一体化新格局。[③]这对于推进我国农村经济社会发展具有重大意义。城乡经济社会发展一体化含义深刻，城乡规划一体化就是其中之一——就是要统筹土地利用和城乡规划，合理安排市县域城镇建设、农田保护、产业聚集、村落分布、生态涵养等空间布局，进一步说就是要把农村经济社会发展纳入地区乃至全国经济社会发展的总体规划中。[④]

2. 乡村振兴战略

党的十九大作出中国特色社会主义进入新时代的科学论断，提出了实施乡村振兴战略的重大历史任务，并将其作为决胜全面建成小康社会、全面建设社会主义现代化强国的七大国家战略之一。乡村振兴战略顺应国情变化，赋予了乡村发展新的内涵。2018 年，《中共中央　国务院关于实施乡村振兴战略的意见》明确了中国特色社会主义乡村振兴的道路和方向。2018 年 9 月，中共中央、国务院印发《乡村振兴战略规划（2018—2022 年）》，对全面实施乡村振兴战略

---

① 李京生．乡村规划原理［M］．北京：中国建筑工业出版社，2018：73．
② 中国共产党中央委员会．中共中央关于制定国民经济和社会发展第十一个五年规划的建议（2005 年 10 月 11 日中国共产党第十六届中央委员会第五次全体会议通过）［J］．求是，2005（20）：3-12．
③ 中国共产党中央委员会．中共中央关于推进农村改革发展若干重大问题决定［Z/OL］．（2008-10-19）［2021-09-15］．http://www.gov.cn/jrzg/2008-10/19/content_1125094.htm．
④ 刘艳萍．城乡经济社会一体化新格局的形成机制与条件分析［J］．知识经济，2009（15）：47-48．

作出阶段性谋划。乡村振兴战略规划要求农村发展要以"产业兴旺、生态宜居、乡风文明、治理有效、生活富裕"为目标。围绕"产业兴旺、生活富裕"的目标，提出要提升农业发展质量，夯实农业生产力基础，促进小农户和现代农业发展有机衔接，构建农村一二三产业融合发展体系，加快实现由农业大国向农业强国转变。在实现"生态宜居"目标方面，提出要实现百姓富与生态美的统一，打造人与自然和谐共生发展新格局，通过统筹山水林田湖草系统，综合治理农村突出环境问题，建立市场化多元化生态补偿机制，增加农业生态产品和服务供给，推动乡村自然资本加快增值。文化建设方面，加强农村思想道德建设，传承发展提升农村优秀传统文化，加强农村公共文化建设，不断提高乡村社会文明程度。治理能力建设方面，要加强农村基层基础工作，建立健全党委领导、政府负责、社会协同、公众参与、法治保障的现代乡村社会治理体制，坚持自治、法治、德治相结合，实现乡村"治理有效"。[①]

2021年6月，《中华人民共和国乡村振兴促进法》（以下简称《乡村振兴促进法》）正式实施，《乡村振兴促进法》立法的着力点是把党中央关于乡村振兴的重大决策部署，包括乡村振兴的任务、目标、要求和原则等转化为法律规范，确保乡村振兴的战略部署得到落实。[②]

专栏3-1 《中华人民共和国乡村振兴促进法》节选

第二条 全面实施乡村振兴战略，开展促进乡村产业振兴、人才振兴、文化振兴、生态振兴、组织振兴，推进城乡融合发展等活动，适用本法。

第三条 促进乡村振兴应当按照产业兴旺、生态宜居、乡风文明、治理有效、生活富裕的总要求，统筹推进农村经济建设、政治建设、文化建设、社会建设、生态文明建设和党的建设，充分发挥乡村在保障农产品供给和粮食安全、保护生态环境、传承发展中华民族优秀传统文化等方面的特有功能。

---

① 中国共产党中央委员会，中华人民共和国中央人民政府．中共中央国务院关于实施乡村振兴战略的意见［Z/OL］．（2018-01-02）［2021-09-15］. http://www.gov.cn/zhengce/2018-02/04/content_5263807.htm.
② 张天培．乡村振兴战略迈入有法可依新阶段［N］．人民日报，2021-06-01（7）．

第四条　全面实施乡村振兴战略，应当坚持中国共产党的领导，贯彻创新、协调、绿色、开放、共享的新发展理念，走中国特色社会主义乡村振兴道路，促进共同富裕，遵循以下原则：

（一）坚持农业农村优先发展；

（二）坚持农民主体地位；

（三）坚持人与自然和谐共生；

（四）坚持改革创新；

（五）坚持因地制宜、规划先行、循序渐进。

三、协同学视角下的自然保护地和乡村社区发展

1. 协同学和"协同发展"

协同学，也称协同论，是 20 世纪 70 年代发展起来的一门新兴交叉学科，是系统科学的重要分支理论，其创立者是联邦德国物理学家赫尔曼·哈肯（Harmann Haken）。概括说来，协同学研究的是一个开放系统通过内部各子系统之间自行主动协调合作，形成的宏观有序结构的机理和规律。[①]哈肯认为，从进化形式来看，可以将组织分为组织系统和自组织系统。组织系统的组织结构和功能是靠外部的指令形成和运转的；对于自组织系统而言，系统的新结构或新状态是在一定外界条件下由系统内部自身组织起来而形成的，不需要控制参量质的改变。[②]协同学研究的主要对象就是各种开放系统中自组织形成的条件和规律。

"协同"是协同学的最基本的概念，"协同"的本质是指自组织系统中各要素或各子系统间在操作、运行过程中的合作、协调和同步，它包括两层含义：一是事物或系统内部各要素之间的相互配合，二是事物或系统从无序状态到有序状态的转化过程中，因其内部要素的相对独立性而产生的无规则运动变成各要素之间的相互作用，从而产生新质的过程。协同有助于整个系统的稳

① 唐小旭. 区域产学研结合技术创新研究［D］. 哈尔滨：哈尔滨工程大学，2009.
② 郭治安，沈小峰. 协同论［M］. 太原：山西经济出版社，1991：2.

定和有序，使整体功能优化。[1][2]

　　协同学的概念和方法描述了系统形成自组织系统的条件和规律，人类社会发展和演变的过程也是一种自组织不断代替另一种自组织的过程。[3]自然保护地，特别是与乡村空间关系紧密的自然保护地，是生态、文化、社会、经济高度融合的地域系统，也是一个复合的自组织协同系统。因此，从协同学等相关理论视角来看，自然保护地和乡村社区协同发展是指在自然保护地及影响范围内，自然保护地所拥有的自然生态资源及其文化等诸要素形成的各子系统与乡村社区人类活动为主体的各子系统之间，由相互竞争、相互制约的无序运动向互相协调、互相合作的有序运动转化，逐步实现自然生态资源良好保护、社区居民生活水平提升和自然生态资源价值转化增值等诸多目标，并努力保持这些目标的实现处于一种动态的平衡之中。

2. "协同发展"的意义

　　（1）"协同发展"符合我国生态文明建设的内在要求

　　人与自然和谐共生是生态文明建设的重要内容。与乡村社区发展有关的人类活动只有坚持尊重自然、顺应自然、保护自然，才能守住自然保护地生态安全的边界和底线，为"人与自然和谐共生"打下坚实基础。自然保护地的保护管理应充分尊重当地社区传统的生活生产方式，保障其平等使用自然资源的权利，在不破坏生态价值的前提下通过优化资源的可持续利用方式提升居民的收入水平，践行"绿水青山就是金山银山"生态资源价值转化的理念，创造更多的物质财富和精神财富以满足人民日益增长的美好生活需要，使生态资源保护成为生态文明建设实现"最普惠的民生福祉"目标的重要手段。

　　（2）"协同发展"是对自然保护地人地关系历史传统的尊重和延续

　　自然保护地的形成是漫长的自然演变过程的结果，自然保护地内社区的形成和发展也不是一时之功，在很长的历史时期内，特别是在人类生产力解放以前，生态环境与社区人地关系比较和谐，通过子系统内部自行主动协同

---

① 潘开灵，白烈湘．管理协同理论及其应用［M］．北京：经济管理出版社，2006.
② 罗斐．基于协同论的中国能源消费结构优化研究［D］．北京：中国矿业大学，2010.
③ 郭治安，沈小峰．协同论［M］．太原：山西经济出版社，1991：169.

合作保持着自然保护地的有序稳定，真实完整地保护自然生态资源，并能满足社区居民生产生活的需要。当下，面对日趋复杂的人地关系，我们更应当充分尊重和延续自然保护地人地关系的历史价值和智慧，通过"协同发展"来推进自然保护地生态社会系统的动态平衡。

（3）"协同发展"是化解保护与发展矛盾的有效路径

社区发展和自然保护地管理之间的关系错综复杂，两者相互限制和约束，存在乡村社区与自然保护地管理机构相互争夺土地权、资源使用权、经营权、利益分配权等权利，以及乡村社区管理机构与自然保护地管理机构未充分对接等矛盾和冲突。自然保护地与乡村社区协同发展，要摒弃"单纯保护"或"单纯发展"的一元思维模式，强调在自然生态保护的前提下，兼顾社区发展利益，通过自然保护地管理体系和社区发展体系及相关要素之间的合作、协调和同步，实现保护与发展双赢，这是化解上述矛盾有效的思路和策略。

（4）"协同发展"是抵御日益增长外部挑战的应对之策

进入现代社会以来，自然保护地和乡村发展的关系发生了很大转变。一方面，社区居民追求经济收入提升的意愿空前强烈，也具备通过自然资源利用满足发展诉求的能力，资源保护和乡村发展的自组织系统内部关系存在"混沌无序"的风险；另一方面，随着外界环境改变，新的子系统进入原有的自组织系统，例如旅游开发者希望借助自然保护地的品牌，发展以逐利为主要目标的旅游产业。在这种情况下，只有通过促进自然保护地和乡村社区协同发展，使与旅游等相关的子系统由无规则的运动转变为与资源保护、乡村发展之间相互作用的有序运动，才能提升自然保护地的整体功能。

3. "协同发展"的内涵和目标

协同的核心内涵是协调与合作，"协"是途径，"同"是效果，通过不同主体之间的协调合作，最终得到同一、整合的结果。[①] 自然保护地与乡村

---

① 张弦. 警惕"协同"概念的泛化［N］. 中国社会科学报，2015-04-17（B02）.

社区协同发展的目标多样而平衡，主要包括自然保护地自然生态资源完整保护、居民生活水平提升和价值转化增值三个方面，三者相互作用，相互影响。

自然生态资源完整保护是"协同发展"的前提目标。自然保护地主要保护典型的、重要的自然美学、地质地貌特征、典型生态系统和生物多样性代表地区。自然保护地与乡村社区协同发展应当以生态资源对象的完整保护为最基本出发点。目前，我国自然保护地乡村社区发展中的生产生活活动与生态资源保护关系密切，其中生活垃圾、水污染、建房、农业畜牧业渔业生产、砍伐、旅游经营等社区活动一定程度上威胁着自然保护地的生态安全或自然美学，是生态资源完整保护的主要消极影响因子。同时，一些社区活动也可以对生态保护产生积极影响。例如在新疆天山巴音布鲁克禾草草甸草原，社区牧民、牲畜和草原形成了动态平衡的"草—畜—人"草原生态系统，适度的放牧活动与自然保护地形成长期稳定的共生关系，维持着草原生态系统的长期稳定健康。自然保护地与乡村社区协同发展正是要尊重保护地长期以来形成的稳定、健康、和谐和可持续的人地关系，充分发挥乡村社区在自然生态保护方面的积极作用，同时通过社区生产生活活动的优化调整减少对生态环境的消极影响。

居民生活水平提升是"协同发展"的基础目标。社会建设的核心问题是民生福祉，保障人民的生命质量和生活质量是自然保护地乡村社区社会建设的基本要求。自然保护地与乡村社区协同发展要求在不损害生态价值的前提下，着重补齐保护地乡村普遍存在的人居环境、基础设施和公共设施短板，完善电力、给水排水、环卫等基础设施，提升乡村人居环境品质，缩小教育、医疗、保险、养老等公共服务城乡差距。同时，自然保护地对社会的进步起着辐射、影响、渗透作用，这些宝贵的物质财富潜移默化地丰富人们精神生活，社区居民和外来游客通过了解自然，热爱生态环境，自觉参与保护管理工作，包括自然保护地乡村社区在内的整个社会逐步形成保护管理的良性循环，使自然生态资源成为团结人心、凝聚力量的一种财富。

价值转化增值是"协同发展"的重点目标。通过践行"绿水青山就是金山银山"重要思想，促进自然生态价值有效转化，既能为居民生活质量提升创造良好的社会经济基础，也有利于自然生态保护和管理。促进产业兴旺是我国乡村振兴战略的重点，自然生态保护与社区经济发展目标不相违背，因此，实现自然生态价值的转化增值是自然保护地与乡村社区协同发展的重点。自然保护地作为我国自然生态系统的精华，有涵养水源、保育土壤、固碳释氧、净化大气等生态服务功能，直接满足人类对优质生态环境的需要，同时自然保护地乡村社区可依托生态环境良好、审美价值高的自然景观，提供商业性产品和服务以获取附加值。例如乡村社区可通过为游客提供吃、住、行、游、购、娱等方面的服务，直接或间接地参与自然保护地的可持续旅游发展，不仅为社区居民提供就业机会，还能促进乡村社区产业转型升级，带动地方经济发展，激发乡村社区参与保护地保护的主动性，使乡村社区成为自然保护地保护的受益者和参与者。

4."协同发展"的方法和途径

要实现自然保护地与乡村社区协同发展，涉及保护、规划、管理、政策等多个方面。

（1）平衡自然生态保护与乡村社区当地价值的关系

在我国的自然保护地，乡村社区往往具有悠久的历史，并且与它们所在的自然和文化环境长期互动，在这个过程中也形成了独特的当地价值，这些价值与生态保护的关系是多样的。一方面，乡村社区当地价值可能对区域生态保护产生积极影响，例如生产方式可能对区域生态过程动态平衡起到促进作用。另一方面，一些乡村社区当地价值的载体还可能是对生态保护产生负面影响的因子。正是由于生态保护与乡村社区当地价值存在多样的关系和相互影响，在平衡二者关系时，首先应当充分挖掘和重视自然保护地乡村社区所承载的价值，并对这些价值载体与自然保护地保护目标的一致性进行分析判断，将与保护目标一致的地方价值纳入自然保护地多层次价值体系中进行综合统筹。①

（2）强化自然保护地规划与乡村社区规划的衔接融合

自然保护地及其乡村社区规划的研究重点之一就是化解当地社区发展与

---

① 庄优波，杨锐．世界自然遗产地社区规划若干实践与趋势分析［J］．中国园林，2012（9）：9–13.

资源保护之间的矛盾，实现自然、社会和经济的可持续发展。自然保护地规划应加强与乡村社区规划的衔接融合，衔接融合的重点包括规划理念融合和规划目标融合，也包括分区管控、空间布局、风貌引导、基础设施支撑等关键规划技术内容的融合。

在规划理念融合方面，乡村社区规划要以自然生态保护为前提，乡村社区规划要区分自然保护对象的类型、等级，以及其空间分布和生态环境构成，并以自然生态保护为规划的基本要求。规划还应以充分尊重当地社区意愿，使社区规划真正成为改善当地人民生活的福祉，并与该地区利益相关者的社会、经济和环境愿望产生共鸣。

在规划目标融合方面，单纯强调社区的发展有违自然生态保护的宗旨，而过分强调自然生态保护却忽略社区发展的权利则有违现实情况。自然保护地及其乡村社区规划应致力于促进社区生产、生活、生态的综合发展，乡村社区规划的目标是多元的，要找到生态保护和社区发展的平衡点，以人地关系和谐为最终目标。

（3）建立可持续使用与社区利益共享机制

自然保护地可持续使用的核心在于自然生态保护与管理同时优化利益分配，保证与当地乡村社区平等共享资源，概括来说即资源管理与利益共享。"应确保自然生态的保护管理和可持续性发展之间有适当和公正的平衡，采取适当方式促进社会经济发展，保证人民生活水平。"[①] 如发展自然保护地可持续旅游是可持续使用的重要方式。可持续旅游在确保自然生态保护的前提下，可增加旅游收益，为生态保护提供资金保障，促进乡村社区经济发展，改善生活环境，促进社区与政府、保护地管理机构的合作。当地乡村社区也可以通过多种方式参与到保护地生态旅游事业中，通过建立公平公正的利益共享机制，最大限度地减少不同利益相关者在利益分配方面的问题，使乡村社区成为生态资源使用方式的受益者。

（4）推行以当地居民参与为核心的多样化管理模式

早期的自然保护地乡村社区管理模式常常是"强权式"的，是自上而下的。

---

① 吕舟．面对新挑战的世界遗产（43 届世界遗产大会观察报告序）［J］．自然与文化遗产研究，2020，5（2）：1-7．

为减少乡村社区生产生活对生态环境的破坏，倾向于让当地居民离开保护地，迁出他们世代生活的家园。这种"一刀切"的管理方式无视当地乡村社区与保护地在长时间的互动过程中形成的人地关系格局，表面上净化了保护地环境，实际上缺乏对居民权利和地方价值的尊重，严重时还会造成当地居民与自然保护地、政府对立的局面。

近年来，自然保护地管理者逐渐意识到，以当地居民为主的利益相关者积极参与保护地管理工作是可持续保护和管理、利用的必要条件，自然保护地乡村社区规划管理的模式也正在发生转变——由强权式管理向以当地居民参与为核心的多样化管理模式转变。认可社区当地价值，努力平衡当地价值与生态保护目标的关系；制定管理政策时尊重社区意愿；与当地社区建立工作关系，帮助社区与政府、保护地管理机构合作，不同程度地参与保护地管理等都是具体的表现形式。当地居民参与会给自然保护地管理带来诸多好处，如多样化的模式开拓了管理者的眼界，让他们学会从不同角度综合思考问题。另外，有了当地居民的参与，很多不必要的误会得以消除，也提高了保护管理的效率。

第四章
"协同发展"规划的技术基础

对于如何实现自然保护地和乡村社区协同发展,规划是其重要的依据和行动指南。事实上,不论是自然保护地规划,还是乡村规划,在我国现有的规划体系中一直有着各自较为独立的技术支撑和运行体系,它们在自然保护地所在的一定区域范围内相互重叠、相互影响。因此,在研究编制自然保护地及其乡村社区的规划时,要统筹这两类规划之间的关系,坚持和倡导协同发展的理念。这既能避免规划之间的矛盾和冲突,也能为自然保护地与乡村社区的协同发展提供科学的指导和依据。

一、自然保护地规划及相关技术要求

根据我国的自然保护地法律法规和规划实践,自然保护地规划有总体规划、详细规划、专项规划等类型,涉及世界自然遗产的自然保护地还需编制自然遗产保护管理规划。其中,总体规划是自然保护地最主要的规划类型,也是详细规划和专项规划的上位规划。另外,由于大多数自然保护地都没有明确详细规划和专项规划的编制要求(仅《风景名胜区条例》明确了风景名胜区详细规划的法定地位),所以本节主要介绍自然保护地总体规划和自然遗产保护管理规划的相关技术要求。

1. 自然保护地总体规划

当前,我国各类自然保护地的总体规划是依据现有的法规或部门规章等编制的,如国家公园总体规划、自然保护区总体规划、风景名胜区总体规划、森林公园总体规划等,且都有各自的规划标准(或技术规程、规范等),如国家公园总体规划技术规范、自然保护区总体规划技术规程、风景名胜区总体规划标准等。

多年来，我国形成了部门主导、分类管理的自然保护地治理模式。这种模式虽有"九龙治水"的弊端，但各类自然保护地都建立了符合特定时期国情的管理和规划制度。而不同主管部门管理体系下的研究机构和学者基于行业和专业的视角开展了各具特色的研究，为各类自然保护地提供了互相借鉴的可能。同时，各类自然保护地的规划体例与各自的保护管理特点形成了良好的呼应关系，如自然保护区总体规划强调自然保护、科研监测、宣传教育，风景名胜区总体规划强调风景保护、风景旅游和社区协调发展，地质公园总体规划强调地质遗迹的保护与科普教育等。

按现有自然保护地的相关法规等规定，自然保护地总体规划作为指导自然保护地发展建设的战略性规划，是自然保护地管理和可持续发展的行动纲领和指导依据，它既需要明确性质目标、分区管控要求，也聚焦于保护培育、社区管控，以及设施建设等方面。当然，不同类型自然保护地总体规划的内容根据不同的保护对象和管理目标各有所侧重。

专栏 4-1　部分自然保护地总体规划主要内容一览

国家公园总体规划	现状调查和评价、范围和管控分区、保护体系规划、服务体系规划、社区发展规划、土地利用协调规划、管理体系规划等
自然保护区总体规划	综合调查与现状评价、保护范围和保护对象、功能区划、规划目标与布局、项目规划、机构设置与人员编制、投资估算与事业费等
风景名胜区总体规划	风景资源评价、范围与功能分区、保护培育规划、风景游赏规划、旅游服务设施规划、居民社会调控规划、经济发展引导规划等
森林公园总体规划	功能分区、容量与人口、发展战略和营销策略、保护规划、森林景观规划、森林生态旅游与服务设施规划、社区发展规划等
地质公园规划	地质遗迹景观及评价、总体布局与功能分区、地质遗迹保护、生态环境与人文景观保护、解说系统规划、旅游发展、社区行动计划等
湿地公园总体规划	总体布局、保护规划、恢复重建规划、科普宣教规划、科研与监测规划、合理利用规划、区域协调规划等
沙漠公园总体规划	功能分区、保护规划、沙漠（荒漠）植被恢复与治理规划、合理利用规划、区域协调规划、生态环境影响分析等

资料来源：

［1］国家林业和草原局. 国家公园总体规划技术规范：LY/T 3188—2020［S］. 北京：中国标准出版社，2020.

［2］中华人民共和国质量监督检验检疫总局，中国国家标准化管理委员会. 自然保护区总体规划技术规程：GB/T 20399—2006［S］. 北京：中国标准出版社，2006.

［3］中华人民共和国住房和城乡建设部，国家市场监督管理总局. 风景名胜区总体规划标准：GB/T 50298—2018［S］. 北京：中国建筑工业出版社，2019.

［4］国家林业总局. 国家级森林公园总体规划规范：LY/T 2005—2012［S］. 北京：中国标准出版社，2012.

［5］国土资源部. 关于发布《国家地质公园规划编制技术要求》的通知［Z/OL］.（2010-06-12）［2021-09-15］. http://www.mnr.gov.cn/gk/tzgg/201006/t20100630_1990343.html.

［6］国家林业局湿地保护管理中心. 国家林业局湿地保护管理中心关于印发《国家湿地公园总体规划导则》的通知［Z/OL］.（2010-02-23）［2021-09-15］. http://www.chla.com.cn/html/c149/2010-02/50639.html.

［7］国家林业总局. 国家沙漠公园总体规划编制导则：LY/T 2574—2016［S］. 北京：中国标准出版社，2016.

我国各类与自然保护地总体规划相关的标准规范，基本都涉及社区规划的内容，但内容的具体要求有所差别。其中，国家公园总体规划重点在人口管控和产业引导，突出入口社区的发展建设；自然保护区总体规划重点在社区的共建共管方面；风景名胜区总体规划突出资源保护、旅游利用、居民社会三方面统筹协调的思路，居民社会调控与经济发展引导规划是主要的规划内容。而地质公园、森林公园、湿地公园因其资源特征和功能定位与风景名胜区接近，总体规划对社区的发展引导也较为重视。

专栏 4-2　部分自然保护地总体规划中关于社区规划的内容和要求

规划类型	社区规划内容和要求
国家公园总体规划	社区格局的空间调控规划应根据国家公园保护管理目标，严格控制人口规模、用地规模，并与乡村振兴战略、国土空间规划等相关规划充分衔接。 通过政策引导和资金支持，引导传统产业转型和绿色发展；建立国家公园社区共管机制。 规划国家公园入口社区人口规模、用地布局、风貌控制、产业发展等要求

续表

规划类型	社区规划内容和要求
自然保护区总体规划	社区发展与共建共管规划应达到能有效地改善社区社会经济状况、落后的生产生活方式，改进资源利用方式，提高社区群众文化生活和综合素质水平，促进公众参与保护和社区关系更加和谐的目的。
	社区发展与共建共管规划内容包括：社区共建共管的组织形式、运作机制和重点内容；改进社区经济结构与经济发展模式，帮助社区控制人口的目标与措施；规划扶持社区发展的项目
风景名胜区总体规划	居民社会调控规划应包括：现状、特征与趋势分析，人口发展规模，居民点调控类型，产业引导等。
	居民社会调控规划应科学预测各种常住人口规模，严格限定人口分布的控制性指标。农村居民点应划分为疏解型、控制型和发展型等基本类型，严控规模和布局，并明确建设管理措施。
	经济发展引导规划应包括经济现状调查分析，经济发展引导方向，促进经济合理发展的措施等
森林公园总体规划	社区发展规划应包括现状、特征分析，居民点用地方向与规划布局，产业和劳动力发展规划等。
	应科学预测和严格限定各种常住人口规模及其分布的控制性指标；应与城乡规划相互协调，对已有的城镇和村庄提出调整要求。
	应引导当地居民参与旅游服务；加强社区共建，协助当地农民调整结构转型、改善生活质量
地质公园总体规划	社区调整，包括居民点调整与迁移，人口与劳动力转移到为地质公园服务的相关行业中等。
	景观整治，包括整治目标、整治原则、分期整治的依据
湿地公园总体规划	居民点调控规划包括居民点现状、特征与趋势分析、人口规模与分布，对居民点提出控制、搬迁的具体措施建议，如涉及居民搬迁情况，需要当地县级以上人民政府出具的居民外迁的承诺文件。
	选择和确定社区共管项目，要系统分析影响资源保护和制约社区经济发展的主要因素，梳理相关利益者关系，正确选择和确定社区共管项目

资料来源：同专栏 4-1。

2.自然遗产地保护管理规划

我国一些自然保护地由于其具有的全球突出普遍价值，而被联合国教科文组织列入《世界遗产名录》，成为世界自然遗产或世界文化和自然双遗产（以下简称"遗产地"）。从 2000 年开始，遗产地保护管理规划是申报世界遗产的必备文件之一。因此，这类自然保护地除编制法定的自然保护地规划外，有些还编制自然遗产地保护管理规划。但由于早期世界遗产申报过程中没有编制保护管理规划的要求，因此并非所有遗产地均编制了保护管理规划。也由于此前保护管理规划的编制缺乏国内法规的要求及标准规范的支撑，因此只有黄山、九寨沟等少数遗产地在申报世界遗产成功后根据自身的管理需要编制过保护管理规划。2015年《住房城乡建设部关于印发世界自然遗产、自然与文化双遗产申报和保护管理办法（试行）的通知》（建城〔2015〕190号）发布，对遗产地保护管理规划的编制方式和内容提出了要求，此后诸如"中国南方喀斯特"等世界遗产地均开始按照新的要求编制保护管理规划。

遗产地保护管理规划的核心理论是适应性管理，指的是某一时间段内实施于世界遗产地内的，对管理手段、管理目标及决策框架进行明确规定的管理方法。它关注管理的过程而非结果，将管理过程动态化，从而及时应对管理对象的变化，不断调整改善管理措施；其核心内容是明确目标体系、监测体系和指标体系。遗产地保护管理规划中的社区规划的主要目标是促进社会生产逐步转型，帮助社区居民摆脱对农牧业的单纯依赖，产业结构逐步转化为旅游业、服务业、农牧业并举的形式，减少遗产地社区居民生产生活对遗产价值及其生态环境产生的负面影响。

二、乡村规划及相关技术要求

1. 乡村规划相关法规政策

新中国成立70余年来，我国的乡村建设成就显著，农村面貌发生了翻天覆地的变化。乡村规划作为乡村地区发展和建设的重要依据，与其相关的法规和政策也伴随着对规划探索的深入而不断完善。1993年国务院公布了第一个关于村镇规划的国家行政法规《村庄和集镇规划建设管理条例》，明确了村庄和集镇的规划原则、建设和管理要求。《村庄和集镇规划建设管理条例》发布后的十余年间，与1990年实施的《中华人民共和国城市规划法》（以下简称《城市规划法》）共同构成我国城市和乡村规划管理的"一法一条例"。2008年发布的《中华人民共和国城乡规划法》（以下简称《城乡规划法》）取代《城市规划法》，明确将乡规划和村庄规划纳入城乡规划体系，并且将《村庄和集镇规划建设管理条例》涉及规划的部分内容上升为法律，体现了对农村问题的重视。2013 至 2014 年间，国家有关部门陆续出台《村庄整治规划编制办法》和《关于改善农村人居环境的指导意见》，要求加快编制"符合农村实际、满足农民需求、体现乡村特色"的村庄规划，分类指导农村居住条件、公共设施和环境卫生等人居环境治理工作。

党的十九大以来，伴随着乡村振兴战略的全面推进，国土空间规划体系下的村庄规划定位日渐清晰，相关法规政策也逐步出台。2019 年 5 月，中共中央国务院发布《关于建立国土空间规划体系并监督实施的若干意见》，提出在城镇开发边界外的乡村地区，以一个或几个行政村为单元，由乡镇政府组织编制"多规合一"的实用性村庄规划，这标志着乡村空间治理进入"五级三类"的国土空间规划体系。此后，自然资源部还陆续颁布《关于加强村庄规划促进乡村振兴的通知》和《关于进一步做好村庄规划工作的意见》等政策性文件，提出"编制能用、管用、好用的实用性村庄规划"的要求，并对国土空间体系下的村庄规划内容做出初步规定。

2. 乡村规划的类型

通过梳理相关政策法规可以看出，我国乡村规划的实践类型十分丰富。依据《村庄和集镇规划建设管理条例》，乡村规划分为村庄、集镇总体规划和村庄、集镇建设规划，其中总体规划是乡级行政区域内村庄和集镇布点规划及对相应各项建设的整体部署，建设规划则是在总体规划的指导下，具体安排村庄、集镇的各项用地布局、用地规划、有关的技术经济指标、近期建设工程以及重点地段等内容。依据《城乡规划法》，乡村规划包括乡规划、村庄规划两类，是对一定时期内乡、村庄的经济社会发展、土地利用、空间布局以及各项建设的综合部署、具体安排和实施措施。[1] 依据《村庄整治规划编制办法》编制的村庄整治规划也是村庄规划的重要类型之一，主要从村庄安全和村民基本生活条件、村庄公共环境和配套设施、村庄风貌等方面提出整治要求和措施，并对村庄整治重点项目规模、建设要求和建设时序做出安排。2018 年，按照深化国

---

① 吴高盛. 中华人民共和国城乡规划法释义［M］. 北京：中国法制出版社，2007.

务院机构改革的要求，城乡规划管理职责划归自然资源部，村庄规划也逐步纳入国土空间规划体系，按《关于建立国土空间规划体系并监督实施的若干意见》，"多规合一"实用性村庄规划是国土空间规划体系下乡村规划的主要类型，是开展乡村地区国土空间开发保护活动、实施国土空间用途管制、核发乡村建设项目规划许可、进行各项建设等的法定依据。[①] 此外，为落实《中共中央 国务院关于实施乡村振兴战略的意见》要求，强化规划引领作用，北京、山西、湖南等地还制定了《乡村振兴战略规划》，明确省市乡村振兴时间表、路线图和任务书，细化实化乡村振兴工作重点、政策措施、推进机制，部署重大工程、重大计划、重大行动，确保乡村振兴战略扎实推进，同时为地市及以下级和各部门编制地方规划和专项规划提供依据。

3. 村庄规划编制技术要求

2019 年 6 月，自然资源部印发《关于加强村庄规划促进乡村振兴的通知》，提出村庄规划是法定规划，是国土空间规划体系中乡村地区的详细规划，[②]"多规合一"实用性村庄规划使国土空间规划体系下乡村规划主要类型的定位得到进一步明确。相关政策出台以来，全国各地村庄规划编制工作逐步开展。虽然截至 2021 年，国家尚未出台统一的村庄规划编制技术指导文件，但各地为了全面适应国土空间规划体系要求，指导和规范"多规合一"实用性村庄规划编制工作，突出村庄规划公共政策属性，多数省份和一些城市结合地方实际出台村庄规划编制相关技术指南（也称导则或规程）。由于各地乡村特色和面临的主要问题不尽相同，所以技术指南的相关要求也各有特色，但总体上包括村庄分类指引、村庄发展目标、村庄开发保护空间布局和重点任务等四个方面。

（1）村庄分类指引

依据区位、资源禀赋及发展预期将域内行政村分为若干类型并明确了各类村庄的特征及编制引导。例如，河北省规划导则将全省村庄分为城郊融合类、集聚提升类、特色保护类、搬迁撤并类、保留改善类等 5 种类型，城郊

① 中国自然资源报. 绘好新时代乡村蓝图:《关于加强村庄规划促进乡村振兴的通知》解读［J］. 国土资源, 2019, 0（6）: 34-35.
② 焦思颖. 绘好新时代乡村蓝图:《关于加强村庄规划促进乡村振兴的通知》解读［J］. 自然资源通讯, 2019（11）: 2.

融合类重点是加快城乡产业融合发展、基础设施和公共服务的共建共享，集聚提升类侧重于促进农村居民点集中或连片建设，特色保护类则是要在保护优质资源的基础上通过旅游促进、特色产业引导等措施探索特色化发展的路径，搬迁撤并类侧重于落实上位规划确定的搬迁要求，保留改善类强调对村庄危房改造、人居环境整治、基础和公共服务设施等各项建设的统筹。

（2）村庄发展目标

主要是围绕乡村振兴战略，依据上级国土空间规划，合理确定村庄发展定位，统筹村庄发展和国土空间开发保护，研究制订村庄经济发展、国土空间开发保护、人居环境整治、文化传承等方面的目标，并确定具体规划指标，细化落实上位国土空间规划安排。

（3）村庄开发保护空间布局

对村域内国土空间进行统筹安排，确定规划用途，制订国土空间用途管制规则。在保护空间方面，重点落实生态保护红线划定、永久基本农田成果，明确生态空间和农业空间管制规则，对于历史文化价值突出的村庄，还应明确历史文化及特色风貌保护空间。在发展空间方面，根据村庄建设边界内生产生活功能和发展需要，划定农村住宅、产业、道路交通、公共设施等各类建设用地空间，对一时难以明确具体用途的建设用地，可暂不明确规划用地性质，作为留白用地。

（4）规划重点任务

各地技术指南对村庄规划重点任务做出明确规定，一般都包括土地综合整治和生态修复、耕地和永久基本农田保护、历史文化传承与保护、基础设施和基本公共服务设施布局、产业发展和空间布局、农村住房布局和建设引导、村庄安全和防灾减灾、规划近期实施项目等任务。同时，各地也要求应依据"因地制宜，分类编制"原则，强调弹性规划和因需规划，在明确村庄开发保护空间布局、用途管制规则的核心内容的基础上，结合村庄特色和发展实际需要合理选择编制重点和深度。对于以农产品加工业、休闲农业和乡村旅游等特色产业为发展方向的村庄，应强调产业发展与空间布局的内容，科学划定产业功能分区，统筹一二三产业发展和空间布局；对于历史文化名村、传统村落，可在村庄规划中增加保护规划内容，划定乡村历史文化保护线，

一的认识，因而在规划的技术层面也难以有效平衡自然资源保护与乡村发展之间的关系。当前，这些规划大多按照管理部门的条块职权来编制，受制于部门职能和专业视角，保护地管理部门编制的自然保护地规划对乡村社区的发展往往研究考虑不够，而乡村规划也较少考虑或者选择性忽略自然生态保护的相关要求。

在实践过程当中，受"割裂式""排除式"规划思想影响，将自然保护与乡村发展对立起来的情况比较普遍。就自然保护地总体规划来说，往往以自然资源保护和利用为主要研究方向，而忽视当地乡村社区的发展建设，抑或是没有将乡村社区作为自然保护地的有机组成部分来对待，甚至将其作为完全负面的要素。而乡村规划通常又以土地利用和建设为主要研究重点，往往会忽视自然生态保护的重要性和限制性。这些规划技术方面的差异使得自然保护地规划和乡村规划难以很好地衔接，也极易造成乡村发展与自然保护管理的矛盾持续存在甚至激化。

从相关的法律法规来看，我国自然保护地规划和乡村规划在技术层面一直没有清晰明确的衔接关系。除《城乡规划法》第三十二条要求"城乡建设和发展，应当依法保护和合理利用风景名胜资源，统筹安排风景名胜区及周边乡、镇、村庄的建设"外，其他与自然保护地相关的法律法规中，对于协调自然保护地和乡村社区在规划建设等方面的内容要求基本空白，这就给自然保护地规划和乡村规划在技术层面上的衔接带来了困难。在涉及自然保护地乡村社区规划建设时，部分地方以村镇规划等作为自然保护地乡村发展建设审批的依据，绕开自然保护地规划，造成乡村建设缺乏必要的自然生态保护管控相关要求。

3. 规划内容需要完善

基于前述的规划理念和规划技术等方面的原因，涉及自然保护地及其乡村的相关规划，其内容上也存在需要完善的部分。仍以自然保护地总体规划为例。多年来我国各类自然保护地根据资源特征，依托部门管理的方式，制定了各自的规划方法，并以标准规范或部门规范性文件的形式发布，为自然保护地规划提供了较为明确的引导。我国各类自然保护地规划对社区的要求差别较大，没有相对统一的标准和思路。如自然保护区总体规划强调社区共管、居民素质提升和经济发展；风景名胜区总体规划强调对居民点进行分类调控、建设控制和经济发展路径优化等。

但实际上，乡村社区作为一个较为复杂的社会系统，面对乡村社区的发展建设和居民生活水平提升的要求，不但要围绕乡村发展与自然生态保护之间关系及相互影响等展开相应研究，还应对乡村社区的经济产业、建设管控、管理机制、居民就业等范畴的问题进行深入思考。然而上述问题的解决措施在相当多的自然保护地规划实践中却鲜有涉及。从处理社区生产生活和自然生态资源保护的关系上看，对于如何统筹社区发展和自然保护之间的关系，如何引导社区产业发展，如何管控和引导乡村建设等方面，规划研究往往也缺乏深度和广度。另外，社区参与、社区组织制度等方面的研究也不够，最终使得相关的规划内容可实施性差，与实际情况脱节的现象也比较严重。

此外，即使是对在各类自然保护地总体规划中常提到的社区搬迁等内容，也常常研究不够深入，使得现实中可操作性不强。究其原因，是规划内容通常仅提出搬迁类型的村庄，但对于究竟如何搬迁、如何补偿、居民的就业与教育等后续问题如何解决，都缺乏妥善的安排与考虑。另外，需要指出的是，目前的总体规划中仅涉及自然保护地边界内部的社区，对周边有明显影响的社区并未制定相应的规划措施和对策。[①]

---

① 廖凌云,赵智聪,杨锐. 基于 6 个案例比较研究的中国自然保护地社区参与保护模式解析［J］. 中国园林, 2017, 33（8）: 30-33.

第五章
"协同发展"规划的系统构建和主要类型

　　自然保护地所在的区域范围内，存在多种类型的相关规划。不论是发展规划、国土空间规划，还是自然保护地规划、专项保护规划，乃至村庄规划等都会对自然保护地及其乡村的保护和发展提出相应的引导和控制要求，都是对"协同发展"产生影响和作用的规划类型。因此，要促进和实现"协同发展"，一方面，这些规划类型都需要在规划的技术内容上对自然保护地及其乡村的保护和发展提出科学合理的措施和要求；另一方面，这些规划应在规划层次、规划内容、规划编制过程方面紧密衔接和协调，形成一个紧密联系、主次分明、分工明确、共同作用于自然保护地及其乡村的规划系统。

　　在这个规划系统内，各类规划横向上相互联系和协调，纵向上相互衔接、上下传导，从各自的方向和视角对自然保护地及其乡村的保护与发展产生不同的作用力和影响力。其中，自然保护地总体规划和自然保护地村庄规划这两类规划，可以称得上是作用力最直接，也最易于体现"协同发展"理念的规划类型。

一、"协同发展"规划的系统构建

1. 新时代宏观政策和相关规划

　　对自然保护地及其乡村社区产生影响的规划体系除第四章所述的自然保护地规划和乡村规划外，在当前宏观政策和时代发展背景下，还包括发展规划、国土空间规划以及各类专项规划等。

（1）发展规划（国民经济和社会发展规划）

我国自 1953 年起开始编制国民经济和社会发展规划（简称"五年规划"，"十五"之前称为"计划"），至今已经编制了 14 个五年规划。[①] 在"五年规划"之外，发展规划还在相关的领域发展出了专项规划。各级地方政府根据地方发展要求，形成了五级政府关联的地区性规划。这些专项规划和地区规划与国家五年规划彼此分工、配合，共同组成了中国的发展规划体系。国家发展规划的优势在于区域国土空间开发以战略性、基础性和约束性等宏观指导为主，依据指标对区域进行管控，建立负面清单进行管理，建立绩效考评办法，这是政府宏观决策的体现。[②]2018 年 11 月，《关于统一规划体系更好发挥国家发展规划战略导向作用的意见》提出"统一规划体系，形成规划合力，坚持下位规划服从上位规划、下级规划服务上级规划、等位规划相互协调，建立以国家发展规划为统领，以空间规划为基础，以专项规划、区域规划为支撑，由国家、省、市县各级规划共同组成，定位准确、边界清晰、功能互补、统一衔接的国家规划体系"。由此可见，国家发展规划在国家发展战略导向方面发挥了重要作用。同理，各级人民政府编制的发展规划在各个层级地方发展中也发挥了重要的战略导向作用。当前各级发展规划主要是通过落实与自然保护地及其乡村相关的宏观政策和资金等给予自然保护地支持和引导。

（2）国土空间规划

国土空间规划是对一定区域国土空间开发保护在空间和时间上做出的安排，包括总体规划、详细规划和相关专项规划。依据《中共中央　国务院关于建立国土空间规划体系并监督实施的若干意见》（2019 年 5 月），国土空间规划是国家空间发展的指南、可持续发展的空间蓝图，是各类开发保护建设活动的基本依据。国家、省、市县等各级人民政府编制国土空间总体规划，各地结合实际编制乡镇国土空间规划。

《意见》既提出"要依据国土空间规划，编制自然保护地规划，落实国家发展规划提出的国土空间开发保护要求"；也提出"村庄规划是乡村地区的

---

① 杨永恒．完善我国发展规划编制体制的建议［J］．行政管理改革，2014（1）：27-31.
② 赵磊．论国土空间规划正义与效率价值实现［J］．中国房地产业，2019（12）：49.

详细规划，是开展国土空间开发保护活动、实施国土空间用途管制、核发乡村建设项目规划许可、进行各项建设等的法定依据"。因此，在国土空间规划语境下，自然保护地规划不但应加强与相关层级国土空间规划的协调和衔接，而且还与村庄规划存在纵向上的衔接关系。

（3）其他专项规划

除以上这些规划类型外，还有各专业部门组织编制的林地保护利用、水土保持、农田水利、文物保护、道路交通等各类型的专项规划，它们在各自的专业领域内与自然保护地及其乡村的保护发展产生联系并对其产生影响。其中，林地保护利用规划的目的是明确生态建设和林业发展空间，落实林地用途管制，优化林地结构布局，提高林地利用效益，实现林地科学保护和管理。[①] 林地保护利用规划与自然保护地的关系主要体现在自然保护地范围内林地的保护和利用措施、与林地有关的社区产业经济发展等方面。水土保持规划的主要任务是研究规划区水土流失状况、成因和规律，划分水土流失类型区，因地制宜地提出防治措施和实施安排等，它与自然保护地及其乡村的关系主要体现在自然保护地范围内水土防治措施、社区监测等方面。[②]

虽然目前并未有明确的法律法规或规章制度来规范和统筹自然保护地规划和上述各类规划之间的关系，但建立自然保护地体系和实施乡村振兴战略等时代宏观背景，为构建一个基于自然保护地语境、以自然保护地规划为主体、包括上述规划在内、用于指导和促进自然保护地和乡村社区协同发展的规划系统提供了一个良好的契机。

专栏5-1 英国国家公园规划体系

英国国家公园的规划管理依据可分为国家公园管理规划体系和发展规划体系。管理规划体系包括管理规划和专项规划两类。其中管理规划主要制订

---

① 国家林业局. 县级林地保护利用规划编制技术规程: LY/T 1956—2011［S］. 北京: 中国标准出版社, 2011.
② 水利部水利水电规划设计总院，长江流域水土保持监测中心站，黄河水利委员会黄河上中游管理局. 水土保持规划编制规程: SL 335—2006［S］. 北京: 中华人民共和国水利部，2006.

国家公园管理的目标以及指标,并制订落实指标的措施。专项规划从生物多样性、可持续交通、气候变化等角度落实管理规划制定的目标。发展规划体系的核心战略是将发展规划作为主要政策文件,其目的是从空间层面落实国家公园管理规划目标和要求,核心战略中详细的空间管理政策配合对应的批准建议地图,为涉及土地用途管制的规划许可提供了依据。发展规划体系中的规划补充文件包括用于指导具体设计工作的设计指南、建筑设计导则、商铺设计指南、开发导则等文件。规划补充文件涉及众多直接指导建设的内容,是国家公园规划体系中重要的支撑性文件。

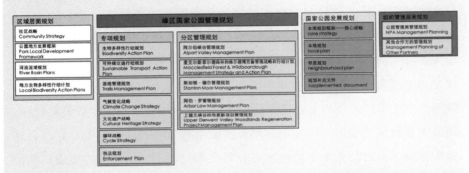

资料来源:于涵,陈战是.英国国家公园建设活动管控的经验与启示[J].风景园林,2018,25(6):96-100.

2. 规划之间的关系与系统构建

自然保护地和乡村社区协同发展的规划系统,主要包含了自然保护地规划、国土空间规划、发展规划和部门专业规划四大类型。这些规划类型之间的相互关系可以从自然保护地内部纵向关系和外部横向关系等方面来认识。这些相互关系是"协同发展"规划系统构建中纵横联络、不可或缺的纽带和桥梁。统筹衔接好这些规划之间的关系是指导和促进"协同发展"的重要基础。

(1)自然保护地不同类型规划的衔接和协调

虽然自然保护地规划一般有总体规划、详细规划、专项规划等类型(如该自然保护地是世界自然遗产地,那么还会编制自然遗产地保护管理规划),但具体到某类自然保护地,其规划编制的类型还会有所差别,如自然保护区以总体规划和专项规划（如生态旅游专项规划）为主，风景名胜区以总体规划和详细规划为主。

这些规划对资源保护、社区管控等方面的规划深度和内容的要求不同。其中，总体规划侧重于宏观层面对乡村社区的引导和调控，并通过分区规划、土地利用协调规划等空间管制手段予以配合。详细规划针对中微观尺度的乡村社区，如单个自然村或多个自然村组成的范围开展规划，对基础设施、景观风貌、生产土地、产业发展等进行具体的安排。专项规划是对生态旅游、解说教育等总体规划中涉及的内容开展具体的专项研究，其中可能会涉及乡村社区居民参与实施的具体内容。世界自然遗产地管理规划作为战略层面规划，则侧重于将乡村社区纳入管理目标体系，促进社区参与遗产保护、旅游发展等工作。

上述规划类型作为自然保护地建设管理的重要依据和行动指南，它们之间需要相互衔接和协调。其中，在纵向关系上，总体规划作为专项规划和详细规划的上位规划，后者应该落实和衔接前者的相关内容和要求，如涉及社区的详细规划或专项规划就要落实总体规划中有关社区调控和产业发展等方面的要求。另外，自然遗产地保护管理规划和自然保护地总体规划同为战略层面的宏观规划，在规划内容和要求上要加强协调，既可增强规划的可操作性，也有利于对详细规划和专项规划等下位规划进行指导。

（2）自然保护地规划与其他相关规划的协调

根据当前政策和法律法规的相关要求，自然保护地规划与国土空间规划、发展规划和部门专业规划等关系密切。这些规划不但在纵向上有逐级向下传导的特征，而且在横向关系上，同一层级的不同规划之间还应加强统筹协调。

一般来说，我国的自然保护地涉及市、县、镇（乡）三级行政区（跨县、跨乡镇、跨村），因此自然保护地规划需要在市、县、乡镇三个层级与其他相关规划统筹协调。在具体内容上，每一个层级的自然保护地规划所对应的相关规划，都应明确自然保护地及其乡村社区保护发展的相关内容。对于国土空间总体规划，应采纳规划地域内自然保护地的分区管控要求、土地利用模式等核心内容作为规划许可的直接依据。对于市级以下国土空间总体规划，应衔接规划范围内各自然保护地发展目标、分区控制,合理划定"三区三线",并落实自然保护地乡村发展建设的规模指标等内容。对于国民经济和社会发展规划,应将该规划对应的行政辖区内各自然保护地的相关项目纳入地方政府的工作计划,确保资金、政策等方面有充分的支持,特别是关于生态保护、社会民生等与自然生态保护息息相关的重点项目。对于林业、生态、农业、交通等部门的专业规划,如涉及自然保护地,那么这些专业规划的目标、策略和措施应与自然保护地总体规划中的专项内容相协调(图5-1)。

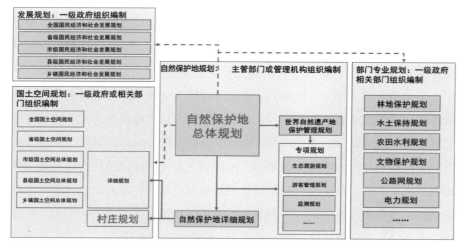

图5-1 "协同发展"规划系统框架和关系图

二、自然保护地总体规划与"协同发展"

自然保护地总体规划作为一定时期内自然保护地发展建设的指导性文件,包括空间管制要求、乡村发展目标、乡村分类调控、乡村产业发展、乡村基础设施建设等内容,是对"协同发展"影响最直接和最重要的规划之一。同时由于自然保护地类型多样,其总体规划编制的内容和要求也各有侧重。在生态文明思想和乡村振兴战略等政策指引下,在自然保护地总体规划编制过程中要体现和落实"协同发展"的理念和内容,通常可依照以下的规划技术路径进行。

1. 统筹和衔接相关规划

为了使自然保护地总体规划内容更加科学合理，在促进自然保护地和乡村协同发展等方面更具有可操作性，总体规划需要与国土空间规划、国民经济和社会发展规划等相关规划协调和衔接。

（1）与国土空间规划的协调和衔接

《省级国土空间规划编制指南》指出"优先保护以自然保护地体系为主的生态空间，明确省域国家公园、自然保护区、自然公园等各类自然保护地布局、规模和名录"。《市县国土空间总体规划编制指南（讨论稿）》指出自然保护地面积应纳入保护修复指标。但截至目前，上述两个关键的国土空间规划指南尚未对自然保护地乡村社区的发展建设提出明确要求。

因此，自然保护地总体规划和所在行政区的国土空间总体规划应统筹衔接乡村发展建设方面的内容。国土空间规划中涉及的乡村用地和人口规模、产业发展方向应与自然保护地总体规划一致。两类规划都应实事求是，因地制宜，科学提出乡村社区管控和可持续发展的相关要求，既要避免"一刀切"式过于严格的空间管控，也要避免对乡村社区采取放任自流、随意发展的态度。对于自然保护地范围内乡村社区的规划管控要求，一般应直接纳入所对应的国土空间规划中；对于自然保护地范围外，但对自然保护地产生较为直接影响的乡村社区，如自然保护地河流上游的乡村社区等，自然保护地总体规划应提出指导性的管控措施，并与所对应的国土空间规划统筹协调，尽量使这些措施和建议在国土空间规划中得到落实或采纳。

（2）与国民经济和社会发展规划的协调和衔接

自然保护地总体规划应该和自然保护地所在行政地域内的国民经济和社会发展规划（以下简称"发展规划"）提出的相关建设项目和管理措施充分协调和衔接。同时，发展规划也应统筹协调自然保护地总体规划提出的管控要求，以乡村可持续发展为目标，为自然保护地总体规划提出的涉及乡村的各类基础设施、科普教育、旅游服务等项目的落实提供资金和政策上的支持。

（3）与相关专项规划的协调和衔接

自然保护地及其乡村的可持续发展还涉及林地保护规划、水土保持规划、文物保护规划、环境保护规划等部门专项规划。这些专项规划在控制社区耕地、林地等不动产，明确环境保护手段和目标，开展空间管制等方面具有重要作用。因此，自然保护地中涉及土地使用许可、耕地保护、林地使用和生产等方面的管理要求也应与自然保护地总体规划中关于乡村发展建设的要求一致，以保证总体规划中有关保护和发展的规划措施具有较好的操作性，能够得到具体实施。

（4）与世界自然遗产地保护管理规划的协调和衔接

对于已经申报成为世界自然遗产的自然保护地，其总体规划还需与遗产保护管理规划相协调和衔接。第一是对二者规划目标的统筹。保护管理规划的体例特点是将管理的目标层层分解，并落实在行动上，以确保管理措施的针对性。因此自然保护地的总体规划应落实保护管理规划的目标体系，并在物质空间规划的内容中予以落地。第二是应通过管理措施和调控要求统筹。总体规划中与乡村社区相关的基础工程、科普教育、监测科研等相关设施的物质空间内容布局应充分衔接管理规划中明确的管理措施、实施主体和实施时间。第三是自然保护地总体规划中涉及乡村社区建设风貌管控的内容应落实保护管理规划中的相关要求。第四是保护管理规划的期限需与总体规划的期限一致，并同步开展修编或者修订。通过上述四点可有效实现自然保护地总体规划和自然遗产地保护管理规划的协调和衔接。

2. 强化保护的相关要求

保护自然生态环境和各类保护对象是自然保护地的主要任务。如自然保护区主要保护各类自然生态系统、动植物栖息地、生态功能区域等；风景名胜区保护的重点是自然景观，包括森林景观、湖泊景观、草原景观、冰川景观等各类自然景观以及衍生出的宗教、民俗等各类文化景观；地质公园主要保护的是各类地质地貌景观和遗迹、地质断面以及古生物遗迹等。因此，在编制各类自然保护地总体规划的过程中，既要研究分析乡村社区发展有利于自然生态保护的方面，如朱鹮、黑顶鹤等珍稀鸟类对乡村农田生态的依赖，传统田园风光对典型自然景观的烘托等；也要研究分析社区生产生活对自然生态资源的消极的影响或损害。有些保护对象位于社区的土地范围内，在不合理的生产生活和有意识的破坏活动的影响下，受到不同程度的威胁和破坏。

因此在规划编制过程中应有意识地保护这些对象，应针对保护对象的类型、属性、脆弱性特征和社区影响形式与程度进行有针对性的研究，通过科学合理的规划措施，降低、减缓乃至消除社区对各类保护对象的负面影响。

针对自然景观的破坏因素，如社区对住宅的建设或改建、对公共空间的建设、对生产空间的景观改变，应在总体规划中进行针对性的分析和研究，提出与社区建（构）筑物的风格、高度、色彩等相关的控制性和指导性内容，作为详细规划的编制依据或直接作为相关部门和管理机构开展规划执法的依据。针对地质遗迹价值的破坏因素，如潜在的建设性活动或非法的盗掘地质遗迹活动，应通过总体规划明确这些地质遗迹的保护范围，以负面清单的形式明确禁止开展的活动，落实在分区规划和土地利用规划等相关内容中。同时应提出加强巡护执法、科普教育等措施，提高社区居民的保护意识，降低非法破坏活动发生的可能。

社区对生态系统价值的破坏则可能涉及较多的类型，因此在总体规划过程中需进行系统分析和描述，应明确社区在生态过程影响中的作用和角色，针对性地提出对生产生活活动的控制要求。一个濒危物种的栖息地往往需要完整的生态系统，或需要一个没有外来干扰的原始生境。一个保存良好的生物多样性高丰度的区域可能经历了长期的生态系统演进，形成了一个较为稳定的结构。社区的影响则可能从多方面造成对该区域生态系统价值的负面影响，如缺乏污水处理设施和环卫设施导致水生生态系统遭到污染，威胁生物多样性或珍稀濒危物种；不恰当的生产活动导致农药污染、水土流失等，使得栖息地环境遭到破坏；非法渔猎等活动直接威胁生物物种等。因此在规划过程中应分析保护对象的脆弱性特点，提出对社区生产生活的管控措施，并完善基础设施，降低或消除相关影响。

3. 统筹区域协调发展

自然保护地总体规划要能促进和实现自然保护地和乡村社区的协同发展，还需要统筹区域协调发展，也就是要使自然保护地与其所在区域（城乡）之间的经济、社会和文化"共生共荣"。这不但要求自然保护地总体规划应分析研究自然保护地的各类资源及其价值，为区域（包括自然保护地及其乡村社区，下同）的创新发展奠定基础和提供思路；而且应将统筹区域协调发展作为总体规划的重要原则和出发点，科学体现区域协调发展的各项要求。

（1）协调区域经济发展

新时代十分重视生态文明建设，这既是历史责任，也是社会需要。建设生态文明就要秉持人与自然和谐共生、"绿水青山就是金山银山"等理念，推动形成绿色发展方式和生活方式。自然保护地所在区域既要努力保护绿水青山这个"金饭碗"，也要借本土优势资源发展特色产业，壮大"美丽经济"，在环境承载力的范围内开发生态旅游、生态产品，为人民提供更好的生态服务。

自然保护地通常可认为是越向核心地段其保护的属性越强，而越向外部则经济发展的属性越强，在空间结构上一般呈现"由内向外"经济发展属性逐渐增强的规律。所以，自然保护地和周边区域（城乡）之间应逐渐演变为价值互促、职能互补的关系。换句话说，即在自然保护地内部应逐渐减小经济活动的比重，而将服务设施和依托自然保护地的经济生产活动放于自然保护地边缘或"门外"，并用自然保护地的品牌效应带动所在地区的经济发展。

因此，自然保护地总体规划要结合新时代要求与自然保护地特点，研究和统筹区域经济发展的基本路径，促进自然保护地和乡村社区协同发展。一是职能互补。自然保护地应专注资源保护和展示利用两大核心职能，外部区域承担产业发展和城乡建设等职能，二者形成互动良好、相辅相成的理想格局。二是空间分异。自然保护地与区域发展职能互补，就能以更开阔的视野，在更广阔的空间上统筹发展布局，将更多的建设空间布局于自然保护地之外，从而减少区域发展建设对自然保护地的保护压力。三是产业融合。自然保护地的自然景观和生态优势，可作为区域旅游产业发展的核心支撑，可以通过发挥其龙头引领作用，构建区域旅游及相关产业发展大格局，两者相互融合、相得益彰。

（2）协调区域社会发展

中国的自然保护地大多具有优美的自然景观和生态环境，风景名胜区自不必说，即使是自然保护区，抑或地质公园、森林公园等，也具有丰富多彩、各具特色的自然景观,是颇具魅力的自然空间。[①]它们一般都具有较为突出的科学和游憩价值,对大众产生难以抗拒的吸引力。到了现代社会,人们纷纷走出城市,享受大自然的清新与愉悦。因此,有必要将自然保护地的自然景观之美展示给人们,让人们在感受自然美、生态美的过程中获得身心的升华。这需要在自然保护地总体规划中,以人的精神文化需求为引领,适度利用自然生态和文化资源,统筹区域社会发展,促进自然保护地和乡村社区协同发展。一方面,要利用自然保护地本身具有的正面形象和品牌吸引力,提高区域的吸引力和知名度,积极促进区域城乡社会良性发展。如黄山市因有了美丽的黄山,树立了非常良好的城市形象,成了人们十分向往的旅游目的地,也促进了全市乡村的可持续发展。另一方面,在一些自然保护地管理过程中,往往会要求自然保护地搬迁部分居民。但这类居民搬迁不能一搬了之,而是要充分考虑搬迁居民的长远利益,考虑其安置后的就业与生活提升的需要。这需要自然保护地总体规划从区域社会统筹考虑的视角,妥善解决好居民安置选址以及补偿、保障、就业等一系列社会问题。

(3)协调文化传承保护

我国历史悠久,5000年来所创造的灿烂文明,以及56个民族具有的文化特色、地方民俗等不仅丰富多彩,而且也与自然山水相互交融。这使得我国自然保护地一直就承载着深厚的文化底蕴。[②]"仁者乐山、智者乐水",中国的先圣贤哲们都很热衷于游览山水,欣赏自然美景,并共同创造出了中国特有的山水文化。自然保护地中这些既有的文化遗存作为中华文明的结晶,需要全体人民保护并永久传承。因此,要以整体观认识区域文化的特征与价值,将自然保护地文化置于区域文化之中,从而评价自然保护地文化的特征与价值,及其在区域文化中的重要地位。也要以系统思维考虑区域文化的关联性,从而采取正确的保护、传承措施。

当前,随着经济社会大踏步发展,自然保护地的文化保护和建设活动也不断增多。这就要求自然保护地总体规划统筹区域文化发展,促进自然

---

① 陈战是,于涵,孙铁,等. 生态文明视野下自然保护地规划的研究与思考[J]. 中国园林,2020,36(11):14-18.
② 同上。

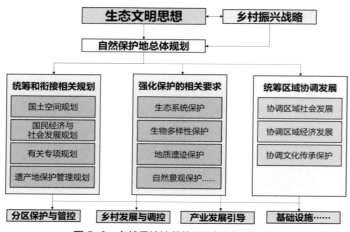

图 5-2　自然保护地总体层面规划技术框图

保护地文化保护传承。既要挖掘和保护自然保护地的传统文化，包括自然保护地乡村社区的传统文化和民族风俗，也要促进自然保护地文化与区域文化的融合。规划还应该对自然保护地内的各项文化建设活动提出相关的要求（图5-2）。这些文化建设只能是为自然保护地增色，而不能损害自然和文化资源。

三、自然保护地村庄规划 [①] 与"协同发展"

当前，除自然保护地总体规划外，针对自然保护地乡村社区的规划通常是以村庄规划的形式出现的 [②]，本书暂将其称为自然保护地村庄规划。按照前文对自然保护地乡村社区的定义，这类村庄规划的编制对象不但指自然保护地范围内部的乡村社区 [③]，还包括范围边缘或者周边，为了便于管理而没有划在自然保护地范围内，但与自然生态资源关系密切的乡村社区，如自然保护地边缘社区、"天窗"社区等。因此，自然保护地村庄规划也是影响"协同发展"

---

① 不论是原城乡规划体系还是当前的国土空间规划体系，村庄规划是较为明确的一类法定规划，而且现实中自然保护地乡村社区的规划仍多以村庄规划的形式出现。

② 由于目前大部分自然保护地还没有明确详细规划编制的相关要求，因此以乡村社区为主要规划对象的自然保护地详细规划（目前主要是风景名胜区详细规划）在实际工作中相对较少。

③ 在自然保护地总体规划等上位规划中未被要求搬迁的乡村社区。

最为重要、最为直接的规划之一。为了能很好地体现和促进"协同发展"的理念，这类村庄规划既要符合自然保护地的相关保护要求，也要遵从《城乡规划法》和国土空间规划的相关政策和技术标准。

1. 依据并深化自然保护地总体规划的相关要求

当前，在自然保护地村庄规划编制过程中，对于在自然保护地法定范围外的村庄规划通常按照《城乡规划法》和国土空间规划体系中的村庄规划来编制。而对于在自然保护地法定范围内的村庄规划，有的是按照自然保护地规划体系中以村庄为规划对象的详细规划来编制的，但多数还是按照《城乡规划法》来编制。但重要的是不论按照哪种体系来编制，都需要依据自然保护地总体规划中关于分区管控的范围和措施、居民社会调控、经济发展引导以及景观风貌控制等方面的规划内容，突出自然保护地的特点。一方面，从村庄产业发展到人居环境建设等都应满足自然保护地生态环境承载力的相关要求；另一方面，在村庄规划范围内要严格落实总体规划中有关保护培育和修复的措施，深化和细化保护的相关要求。对于已经申报成为自然遗产地的自然保护地，还应落实自然遗产地保护管理规划中有关的保护措施，强化对突出普遍价值（outstanding universal value，简称 OUV）及其表征要素的保护。

具体来说，在产业发展方面，规划要统筹产业发展和自然生态保护的关系，鼓励和引导有益于自然保护地的传统农牧业，也可合理引导并适当发展旅游产业及与之相关的农副产业，避免设置污染环境的工矿企业。在村庄人居环境建设方面，规划要统筹人居环境建设与自然保护地之间的关系。对于建设用地布局，其新增建设用地要符合总体规划中分区保护管理的相关要求。在村庄景观风貌方面，要按照总体规划中的相关要求，控制好整体建筑风貌，尤其是对于以自然景观或地质遗迹为主要保护对象的自然保护地村庄。同时，还应加强对村庄规划范围内自然生态的修复，明确生态修复的措施和行动计划。

2. 衔接和落实乡镇国土空间规划相关指标和要求

《关于建立国土空间规划体系并监督实施的若干意见》指出：在城镇开发边界外的乡村地区，以一个或几个行政村为单元，由乡镇政府组织编制"多规合一"的实用性村庄规划，作为详细规划，报上一级政府审批。因此，对于自然保护地村庄规划来说，其所在乡镇的国土空间规划是其上位规划，是编制该类村庄规划的依据。

按照规划编制相关的技术要求，乡镇国土空间规划覆盖整个乡镇域范围，通常会统筹划定生态空间、农业空间、建设空间，明确农用地、建设用地和其他用地的范围、规模和管控要求；将市县规划下达的生态保护红线和基本农田保护红线等指标和要求落实到具体地块，分解至村庄，并确定村庄建设用地规模和人均建设用地指标等。

对于普通的村庄规划，这些指标要求通常会较为精准地传导至村庄规划中。但自然保护地村庄有其特殊性，如何科学落实这些指标和要求，是这类村庄规划编制的难点和重点之一。一般来说，自然保护地总体规划与乡镇国土空间规划（在机构改革前，通常是乡镇总体规划）之间若相互协调衔接得较好，那么这些指标和要求就较容易落实在村庄规划中。但由于分属不同的规划体系，事实上，常有指标不一的情况发生。因此这里说的科学落实这些指标和要求，是要甄别、要统筹、要协同，这给自然保护地村庄规划的编制工作增加了难度。所以这类村庄规划需要统筹自然保护地和乡村发展的关系协同的问题。如果不一致，应该落实哪一个指标，或者说依据哪一个规划呢？如果按照法定的文件，可依据行政审批主体的权限或级别来确定。另外，从自然保护地的角度来说，自然保护地村庄的规划建设对自然保护地的各类保护对象及其生态环境都会有较大的影响，必须区别于一般村庄的划规建设，所以应在发展方向、建筑布局、产业选择、建设风貌等方面进行严格控制。作为一个技术文件，实事求是，以促进和实现自然保护地和乡村协同发展为原则，科学合理落实各类指标，即是一个合格的自然保护地村庄规划。

3. 坚持保护优先和尊重村民意愿相结合

建立自然保护地的主要目的就是守护自然生态，保育自然资源，维护自然生态系统健康稳定。不论是国家公园、自然保护区还是各类自然公园，都始终将保护优先或严格保护作为管理工作的重要原则和出发点。由于与自然保护地关系密切，影响较大，所以自然保护地村庄规划也应坚持保护优先的基本原则。

  同时,《城乡规划法》和国土空间规划的相关要求都强调村庄规划应尊重村民的意愿,引导村民积极参与村庄规划的全过程。一方面,由于我国乡村社会具有土地和资产的性质,村内的土地属于集体所有,村民是村庄规划的基本利益主体,村庄规划与村民的切身利益密切相关。另一方面,村庄的物质空间是在地理环境、地形条件、水文因素等自然环境的基础上,结合村庄的农业生产和生活习俗而形成的,既体现了自然环境的特征,也反映了村民生活方式的特点。[①] 因此,征求村民意愿,强化村民的参与,对于村庄规划来说是必要的,也只有尊重和体现村民意愿的村庄规划才具有可操作性。

  有鉴于此,对自然保护地村庄来说,既要坚持保护优先,也要尊重村民意愿。但在自然保护地村庄规划过程中,常出现村民意愿和保护要求不一致的情况,如村民发展旅游服务业的意愿和村庄所在区域的生态敏感性和保护要求等产生矛盾时,该如何选择?通常情况下,还是要坚持保护优先的原则,并依据保护要求,积极向村民解释,并研究提出既符合保护要求又能得到村民认可的发展之路。因此,在村庄规划编制过程中要充分和村民进行沟通,宣传与自然保护地有关的保护管理政策和理念。坚持保护优先与尊重村民意愿相结合,按村施策,是自然保护地村庄规划重要的原则和技术路线(图5-3)。

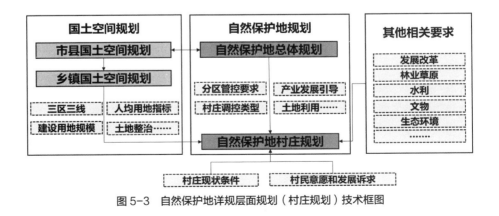

图5-3　自然保护地详规层面规划(村庄规划)技术框图

---

① 乔路. 论乡村规划中的村民意愿[J]. 城市规划学刊, 2015 (2): 72-76.

第六章
总规层面"协同发展"规划的重点和方法

依据国家有关法规和标准规范，自然保护地应该编制总体规划。[①] 作为法定规划，总体规划是自然保护地发展建设、保护管理等工作的重要依据和行动指南。同时，有关法规和标准也要求自然保护地总体规划（下简称"总体规划"）体现自然保护地和社区可持续发展方面的理念。如《自然保护区总体规划技术规程》GB/T 20399—2006 中提出，要促进自然保护事业和当地社区的可持续发展；《风景名胜区条例》中提出风景名胜区总体规划的编制，应当体现人与自然和谐相处、区域协调发展和经济社会全面进步的要求；《风景名胜区总体规划标准》提出要编制居民社会调控和经济发展引导规划；《国家公园总体规划技术规范》和《国家级森林公园总体规划规范》等规范中也提出了类似的规划内容要求。因此可以说总体规划是对"协同发展"影响最直接、最重要的规划之一。

由于当前我国自然保护地类型多样，各类型总体规划所依据的政策法规及标准规范都不相同，所以规划的相关研究方法和内容深度也都有所差异，但各类总体规划中对于促进"协同发展"等方面的目标和方向是类似的。有鉴于此，为了在总体规划编制过程中能科学合理地提出"协同发展"的策略，更好地促进和实现"协同发展"，在紧密衔接第五章所阐述的相关内容的基础上，本章将较为详细地探讨总体规划层面"协同发展"规划的重点和方法，[②]为自然保护地总体规划和相关专项规划的编制研究提供指导和参考。

---

① 《风景名胜区条例》第十四条要求"风景名胜区应当自设立之日起 2 年内编制完成总体规划"，《自然保护区条例》第十七条要求"自然保护区管理机构或者该自然保护区行政主管部门应当组织编制自然保护区的建设规划"。

② 这里说的"总规"指自然保护地总体规划，"协同发展"指的是自然保护地和乡村社区协同发展。

一、针对性开展综合现状分析

总体规划要促进和实现"协同发展",就要对自然保护地乡村社区的社会经济状况进行有针对性的调查研究,并对受到乡村社会经济活动影响的保护对象及其生态环境进行分析和评估。由于自然保护地乡村社区(尤其是其所属的生产空间和生态空间)往往存在自然保护地的某类或多类保护对象,因此,首先应调查分析这些保护对象在空间上与乡村社区的关系;其次应评价乡村生产生活与保护对象影响的正负相关度。乡村社区对保护对象的影响一般可能是负面的,如过度放牧、旅游经营活动等,但不可否认诸如多样的耕作系统,农林业生产等也可能提高乡村社区层面的生物多样性水平,也可能促进自然生态资源保护;再次应分析评价乡村社区对保护对象影响的因果关系和脉络,有些影响涉及较为深刻的社会和经济背景,需要通过细致的管理手段逐步化解负面影响。

需要补充说明的是,对于受到乡村社区影响的保护对象,分析和评估应该贯穿整个自然保护地规划的始末,包括自然保护地的总体规划和实施性规划层面。其中总体规划层面应至少摸清重点保护对象在不同乡村社区范围内的分布状况和一般影响状况。在实施性规划层面应明确具体保护对象的分布状况。

1. 对保护对象开展相应的调查评估

对自然保护地乡村社区范围内保护对象状况的评估应遵循多专业融合、实地踏勘与资料查阅相结合的原则。在实际操作过程中结合自然保护地综合考察、专项考察等工作掌握规划范围内保护对象的分布和保存状况。调查结果应通过文字描述和专题图纸等方式表达各类保护对象的分布,以作为规划的重要依据。对不同保护对象的分析、调查和评价方式都有所不同,具体如下:

(1)对主要保护对象是珍稀濒危动植物和生物多样性的调查,应重点关注乡村社区影响范围内物种的分布状况。乡村社区的生产性土地,往往是重要的鸟类、兽类的栖息地,在其中的林业生产、林下产业都有可能对保护对象造成影响。因此重点应针对不同物种栖息地与乡村社区的交叉重叠关系、物种丰富程度、物种种类等指标进行调查和研究；并通过观察和访谈了解乡村社区生产生活对这些栖息地的影响，进而做出综合性判断。

（2）对主要保护对象是典型生态系统的调查研究一般包括两个方面。一是要调查分析社区范围内现状生态系统要素的分布状况、类型、典型性等特点；二是要分析研究社区生产生活对生态系统要素和过程的影响。如对于水文生态过程，应深入调查分析它对乡村社区生产生活的影响和可能存在的负面作用；再如乡村社区的林木砍伐在微观层面对汇流区域的水文影响，以及生产生活污水对下游的水质破坏等。

（3）对自然景观这类保护对象的调查需要对社区范围内的自然资源进行详细踏勘，然后对资源进行分类并定位，描述其形态、色彩、尺度等方面的特点，并通过与同类型资源进行对比来阐述其价值。在我国，风景名胜区规划建立了景物、景点、景群（景线）、景区等不同尺度的自然景观划分方式，具有较强的可操作性和推广性。而在乡村社区范围内，调查评估重点一般应聚焦于景物、景点和景群三个尺度和层次。

（4）对于主要保护对象是地质遗迹的应关注能反映其特点的地质结构、地貌类型、古生物化石地层等地质遗迹的分布状况。地质遗迹属于非生物要素，主要容易受到居民日常生产生活和某些非法活动的影响，如在拓展居住社区、修建房屋、建设基础设施的过程中易对一些有价值的地质遗迹造成破坏。因为化石遗迹具有经济价值，某些乡村社区居民也可能从事盗取售卖化石的非法活动。因此在调查过程中应关注上述活动影响的范围和程度。

此外，也应该分析评估自然保护地的其他保护因素，如文化资源、宗教信仰、其他的自然生态资源等。这些保护要素与保护对象共同构成了一个完整的保护体系。

2. 全面调查乡村社会经济发展状况

自然保护地乡村的社会经济发展状况，既表明了乡村发展的基础和条件，也体现了乡村社区利用自然资源的方式，某种意义上也暗示了乡村社区未来可能会以一种什么方式融入自然资源的保护和管理。对自然保护地乡村社会经济发展状况的调查分析和评价应包括社会结构（人口、年龄、职业）、产业发展状况、收入状况等。这些调查可以多种方式进行。较为常见的方式是从自然保护地管理机构和所在地人民政府对乡村社区的常规统计数据中获得，一般包括各级人民政府的统计数据、统计公报或年鉴。

由于地方政府的统计数据并非完全服务于自然保护地规划，部分所需数据并不能在这些常规数据中得到反映，因此应根据规划的需要，开展问卷调查等工作，这是获取关键信息的重要方式。通常调查问卷应关注乡村社区居民发展的意愿、生活中面临的问题和困难等与乡村社区发展息息相关的问题。收集和整理分析这些问题能为提出符合现实情况的规划措施、提高规划的可实施性奠定基础。问卷调查也是乡村社区参与规划的一种重要形式，可以和规划宣传等工作一同进行，也能加深乡村社区对自然资源保护的理解。

二、科学划定管控分区

1. 管控分区规划相关要求

自然保护地总规层面的管控分区规划在实施过程中一般有两种用途。一是作为各级自然保护地主管部门进行监督的依据，如自然保护地行政主管部门建立的卫星遥感监测平台，可依据规划分区监督自然保护地内的各类建设活动。二是作为各级主管部门和自然保护地所在地方政府的相关部门进行保护管理和规划许可的依据。如涉及土地审批和房屋建设审批的内容，都需要相应的规划依据。因此管控分区规划是自然保护地总体规划中非常重要的一项规划内容，在保护管理过程中起到了关键依据的作用。

因此，管控分区规划的编制，应当针对不同类型自然保护地特征和乡村发展特点，结合国土空间规划的相关要求，在保障乡村发展权利的基础上，科学划定管控分区并制订管控要求。当前，各类自然保护地制定了不同的分区规划方法，如国家公园使用核心保护区和一般控制区两种管控分区进行规划管控，自然保护区使用由核心区、缓冲区、实验区组成的功能分区进行管控，风景名胜区使用三个级别的保护分区进行管控（表 6-1~ 表 6-3）。各类型自然保护地管控分区的规划逻辑和使用方式近似，即在资源价值和敏感性综合

国家公园管控分区相关要求一览表　　　　　表6-1

名称	定位	管控要求
核心保护区	自然生态系统保存最完整、核心资源集中分布，或者生态脆弱需要休养生息的地域	除巡护管理、科研监测，以及符合生态保护红线要求、按程序规定批准的人员活动外，原则上禁止人为活动，原住居民应制订有序搬迁规划
一般控制区	核心保护区之外的区域按一般控制区进行管控	允许适量开展非资源损伤或破坏的科教游憩、传统利用、服务保障等人类活动

资料来源：《国家公园总体规划技术规范》GB/T 39736—2020

自然保护区功能分区管控要求一览表　　　　　表6-2

名称	定位	管控要求
核心区	保存完好的自然生态系统、珍稀濒危野生动植物和自然遗迹的集中分布区域	禁止任何单位和个人进入
缓冲区	在核心区外围划定的用于减缓外界对核心区干扰的区域	只准进入从事科学研究观测活动
实验区	自然保护区内自然保护与资源可持续利用有效结合的区域	可开展传统生产、科学实验、宣传教育、生态旅游、管理服务和自然恢复

资料来源：《中华人民共和国自然保护区条例》、《自然保护区功能区划技术规程》GB/T 35822—2018

风景名胜区保护分区管控要求一览表　　　　　表6-3

名称	定位	管控要求
一级保护区	风景区内资源价值最高的区域。严格禁止建设的范围	分两类进行管控。特别保存区除必需的科研、监测和防护设施外，严禁建设任何建筑设施。风景游览区严禁建设与风景游赏和保护无关的设施，有序疏解居民点和人口
二级保护区	自然生态价值较高的区域。严格限制建设的范围	限制各类建设和人为活动，严格限制居民点的加建和扩建，严格限制游览性交通以外的机动交通工具进入本区
三级保护区	风景名胜资源少、景观价值一般、生态价值一般的区域。限制建设范围	根据不同区域的主导功能合理安排旅游服务设施和相关建设，区内建设应控制建设功能、建设规模、建设强度、建筑高度和形式等，与风景环境相协调

资料来源：《风景名胜区总体规划标准》GB/T 50298—2018

评估的基础上，在空间上划分出不同区域，分别提出针对各类活动的保护管理要求，用于实际管理中的行政监督和规划许可。[①]

---

① 顾丹叶，金云峰，徐婕. 风景名胜区总体规划编制：保护培育规划方法研究［C］// 中国风景园林学会. 中国风景园林学会 2014 年会论文集（上册）. 北京：中国建筑工业出版社，2014：37-41.

2. 统筹管控分区与乡村发展

自然保护地分区规划应对乡村居民点及其生产性土地进行分析研究，力求管控分区划定的科学性和可操作性。通常来说，分区规划中针对乡村居民点的分区一般被纳入管理强度较低的分区，如自然保护区的实验区，风景名胜区发展控制区或保护分区中的二级、三级保护区。这些管控强度较低的分区一般允许乡村社区适度发展，以及针对土地等自然资源的可持续利用。按照《关于建立以国家公园为主体的自然保护地体系的指导意见》对分区管控提出的基本要求，自然公园作为"一般控制区"管理，国家公园分为"核心保育区"和"一般控制区"管理。在实际操作过程中，上述分区的划定还应根据自然保护地的实际情况，在功能上和管理目标上进行进一步具体细分。那么包含乡村居民点的区域应该划入哪一类分区？首先应对其所在区域进行保护对象分析评价，包括对保护对象的价值、敏感性等的评价；然后在评价的基础上确定该划入哪一类分区，并对乡村社区生产生活提出相应的管控要求，作为未来进行活动管理和执法监督的基础。因此，在当前自然保护地一般控制区相对灵活宽松的管控思路下，应通过细分管控分区的方式对乡村社区发展给予更为科学具体的管控建议。

在当前国土空间规划构建的背景下，自然保护地总体规划中的分区管制应与相应层级的市县国土空间规划分区进行协调和衔接，避免规划不一致在执行层面造成规划审批和管理方面的困难。一般对于自然保护地范围内乡村社区的规划管控要求，应以自然保护地总体规划为依据；而对于自然保护地范围外，但对自然保护地产生较为直接影响的乡村社区，所在地的国土空间规划应尽量采纳自然保护地总体规划中提出的管控建议。

三、合理调控乡村社区建设

居民点调控的主要目的在于维持自然保护地的环境容量不被人口增长突破，从而维持自然保护地生态系统的良好状态。在自然保护地乡村社区发展过程中，人口的自然增长、旅游发展等以及外部迁入人口增加都会导致乡村社区人口数量超出环境的承载力。此外，相当部分的自然保护地乡村社区地处边远，交通设施建设困难，包括基础设施在内的各项民生设施布局建设滞后，导致这一部分乡村社区较难融入现代社会的发展，难以享受改革发展带来的红利。从自然保护和民生发展的角度来说，对乡村社区点进行调控就是要对乡村社区的去留、发展方向进行统筹安排。这一方面有助于从根本上减少乡村的生产生活对自然保护地产生的负面影响，另一方面也能在某种程度上提升当地居民的福祉，促进乡村的可持续发展。

另外，对于在自然保护地整合过程中，采取"开天窗"等形式将乡村社区划出自然保护地的做法，是值得进一步商榷的。因为这种方式在某种意义上只是降低了保护管理工作的难度，并未有效减少社区对自然保护地的实质性影响，反而会因为划出自然保护地而弱化了保护管控的力度，很可能会加重对自然保护地的负面影响。

1. 乡村社区调控分类

对于涉及乡村社区的自然保护地来说，其规划应深入研究和分析各社区的现状及对自然保护地的影响。一般来说，不同乡村社区与保护对象的空间关系和对保护对象的影响程度都存在较大差异，因此应结合实际情况确定社区的调控类型，并通过有效管控和引导，统筹好社区生产生活和自然保护地的关系。同时，在规划过程中既要避免对社区采取忽视的态度，也要避免未做深入调查和研究就草率提出社区搬迁的要求，这两种情况都会给保护管理造成很大困难。通常，在自然保护地总体规划中有以下几种社区调控类型。

（1）搬迁型

在自然保护地中，哪些类型的社区为搬迁型呢？第一种情况是，保护对象要素的分布与社区的生产生活区域高度重合，且社区的生产生活对主要保护对象产生的负面影响难以通过管理手段消除，那么就需要考虑搬迁等方式。第二种情况是，一些社区人居环境条件很差，难以改善，且对自然生态环境产生不利影响，这类社区也应确定为搬迁型社区。当然，要能真正实施搬迁，还需具备一定的条件，如地方政府有充足的专项资金保障，社区居民有搬迁意愿等。另外，在实际工作中，规划还需进一步分析明确这类搬迁型社区除生活空间（居民点）的搬迁外，其生产空间的土地是否改变用途。

（2）集聚发展型

是指位于自然保护地周边或一般控制区内生态敏感性较低的区域、具有较好的发展空间、可以适度增加建设用地以促进人口集聚，且不破坏自然资源和生态环境的乡村社区。[①] 这类社区一般情况下数量较少，且绝大多数位于自然保护地范围外的周边区域。

（3）控制优化型

除上述两类社区外，大多数乡村社区仍将长期与自然保护地共生共存。对于这类社区，规划应以促进人与自然和谐共生为目标，强化统筹协调，并通过控制引导等方式优化完善它们的发展。[②] 规划时要研究如何在保护自然生态环境的基础上统筹社区合理发展的诉求，管控和优化社区的生产生活等各项活动。并应依据上文中分区管控的原则和要求，研究明确这类社区生产空间（居民点）建设的用地规模、空间布局、建设风貌等。

另外，自然保护地总体规划还需要从系统论的角度考虑周边城镇化以及周边入口社区发展等过程对自然保护地内及周边乡村人口的吸引，进而有可能会减少自然保护地内乡村人口的数量及其生产生活带来的负面环境影响。当然，在自然保护地周边的城镇或者社区对自然保护地也会产生一定的负面影响，也需要进行有效的规划管控和建设管理。

2. 人口规模和建设管控

本地常住人口增加是导致自然保护地面临威胁的一个宏观背景和不确定因素，从我国自然保护地乡村社区发展的经验看，乡村社区人口的增长从侧面导致了管理困难、矛盾增多的问题。虽然自然保护地周边城镇吸引力增强，自然保护地乡村也有逐渐外迁的趋势，但由于部分自然保护地的旅游发展迅速，当地居民的外迁意愿降低，甚至出现外来人口迁入自然保护地的现象。

因此，一方面，对于搬迁或者外迁的社区和人口，规划要明确补偿标准，引导和鼓励人口向外流动；另一方面，应因地制宜，在各地方（省或者市）

---

① 国家市场监督管理总局，国家标准化管理委员会. 国家公园总体规划技术规程：GB/T 39736—2020［S］.北京：中国标准出版社，2020.
② 陈战是，于涵，孙铁，等. 生态文明视野下自然保护地规划的研究与思考［J］. 中国园林，2020，36（11）：14-18.

制定的人均宅基地指标的基础上，提出自然保护地各社区人均宅基地及其景观风貌建设的控制指标，并对关键地段的社区宅基地建设提出区别于一般地段的控制要求。

3. 土地利用的协调和衔接

对于土地类型多样、权属复杂的自然保护地，其总体规划需在对土地资源统一调查评价的基础上，与所在省（市、县）域国土空间规划统筹衔接，重点研究各类土地及其所承载的各类自然资源资产的产权主体，厘清各类自然资源资产所有权、使用权、管理权和收益权等权属的边界，为自然资源的整体保护和科学利用提供决策依据。对社区土地来说，对土地资源的准确调查是基础，在摸清土地权属、土地附着物状况的前提下，要对村庄所涉及的部分进行准确登记和评估。依据村庄调控分类的要求，原则上要对搬迁的乡村居民点及其生产性土地进行退耕还林、林相改造，使其逐步成为提升自然保护地生态质量的土地；对于与自然保护无关或有冲突的工矿生产性的土地，规划应将其优化调整为与保护相关的土地用途。

4. 建立多方协商共治的管理机制

总体规划还应对乡村社区管理机制提出相关的措施和建议。因为各个自然保护地及其乡村社区的情况千差万别，所以对这些措施和建议也应具体问题具体分析。从地方实践经验来看，建立多方协商的对话机制或制度，可使政府部门、各相关管理机构和乡村社区之间有一个规范的沟通平台，科学强化对乡村社区的管理，这对乡村社区的调控与发展有重要的现实意义。没有被授权管理辖区内乡村社区的自然保护地管理机构（除泰山等少数自然保护地管理部门外），应当与属地乡镇人民政府、村民委员会等各方协同建立自然保护地村庄共治（或共管）委员会，协商处理自然保护地与当地社区之间的关系。如黄山管理部门和属地人民政府针对自然保护地乡村社区的规划建设等方面的审批核准工作，构建了包括三级四方的联审制度，不但对乡村社区的规划建设起到了很好的指导作用，而且也有力地促进和保障了自然保护地和乡村社区的协同发展。

四、引导乡村产业可持续发展

产业兴旺是乡村振兴的主要目标之一，乡村发展离不开乡村产业的发展。但在自然保护地的乡村产业发展必须建立在自然生态资源保护的基础之上，没有自然生态资源保护，也就谈不上产业的发展，换句话说，就是乡村产业的发展不得损害自然生态资源及其环境。统筹好乡村产业发展与自然生态资源保护的关系，成为自然保护地乡村产业发展的先决条件之一，也是自然保护地总体规划研究的重要组成部分。

1. 分析现状生产活动的功能特点

在总体规划层面要研究自然保护地乡村产业发展，就要分析自然保护地乡村生产活动的现状功能特点。由于自然保护地类型多样，保护管控的目标差异较大，所以现状功能特点既有同一性，也有差异性，即使是同一个自然保护地的村庄也会由于所在区域以及自身条件而呈现一定的差别。但通常来说，自然保护地乡村生产的功能特点主要表现在内部性和外部性两个方面。从乡村生产的内部经济性来讲，乡村产业活动既创造了产品供给，也给村民带来了收入，利益归属仅限于村民。在自然条件限制和自然保护地政策要求的双重压力下，当前自然保护地内的传统农业生产能提供的农户家庭现金收入有限，往往低于其家庭成员外出务工的劳务收入，一般难以维系乡村的持续健康发展。而从乡村生产的外部经济性来讲，其既具有较强的正外部性，也具有较强的负外部性。正外部性比较容易理解，就是乡村产业发展不仅表现在国家粮食安全保障上，还体现在提供绿色资源和开放空间、维系传统文化、社会保障等各个方面；而负外部性，就是在乡村产业发展过程中一些不合适的生产活动对自然生态资源带来的破坏或负面影响，如植被破坏，野生动植物损害，使用农药化肥对土壤、水体的影响，等等。一般来说，绝大多数自然保护地都位于生态脆弱区域，往往也是发展相对落后的区域，保护管控的相关要求使得乡村产业发展的负外部性特点凸显。

2. 提出产业发展的方向和建议

　　基于以上对自然保护区乡村产业发展功能的认识，对自然保护地乡村产业发展方向的研究主要包括以下几个方面。首先，规划要着重研究可能产生正负外部性影响的生产活动和生产方式，引导乡村产业科学可持续发展。一方面，通过认真地分析论证，制定生产方式负面清单，引导和督促乡村居民坚决摒弃负面清单上的生产方式，短期内不能完全摒弃以及落后的生产生活方式，规划应提出可以减轻和减缓负面影响的措施和建议，优化改进的途径和时间期限，妥善处理好保护和发展的关系；另一方面，要研究提出自然环境友好型的生产方式，鼓励和扶持有利于生态或对生态影响较低的生产模式。如漓江喀斯特保护地内的传统农业和渔业生产，就与当地的自然环境和生态条件较为协调，体现了人与自然和谐共生的美丽图卷。另外，当前的一些研究也发现传统农业生产和田间作物对一些珍稀野生动物如朱鹮、黑颈鹤等鸟类的迁徙和栖息都非常有益。

专栏 6-1　朱鹮国家级自然保护区环境友好型农业产业组织模式

　　朱鹮是世界上最濒危的物种之一。为了保护朱鹮，1981 年朱鹮国家级自然保护区设立。自然保护区主体位于陕西省洋县境内，约占洋县总面积的 12%，涉及 19 个乡镇、近 8 万农户，农业人口占 95% 以上。朱鹮以稻田中的蟋蟀、泥鳅为食。为了给朱鹮提供一个良好的生存环境，洋县政府多次出台文件，禁止在保护区内及周边开矿设厂，禁止在朱鹮觅食地的稻田内使用化肥农药，这些"严禁"措施极大限制了保护区周边的自我发展。为了缓解朱鹮保护和地方经济发展之间的矛盾，2003 年朱鹮保护区管理局开始引导企业和农户发展环境友好型农业，期望通过走环境友好型农业产业化的道路来实现朱鹮保护和农民增收的双重目标。

　　朱鹮保护区周边环境友好型农业产业组织模式演变大致经历了三个阶段：2003—2004 年是保护区主导的试验推广阶段，主要是"保护区＋企业＋农户"的组织模式；2005—2006 年是企业主导的初步发展阶段，以企业为核心，形成了"企业＋基地＋农户""企业＋村两委＋农户"和"企业＋合作社＋

农户"的企业带动型模式；2007年以后是洋县政府大力扶持下的快速发展阶段，在该阶段，产业规模和市场的迅速扩大不仅进一步深化了企业带动型组织模式的发展，而且在2011年洋县被评为全国首批"国家有机产品认证示范创建县"后，又出现了"合作社纵向一体化"和"生产外包专业化"两种新的组织模式。

资料来源：王真,王谋. 自然保护区周边环境友好型农业产业组织模式演进分析：以朱鹮保护区为例［J］. 生态经济, 2016, 32（12）：192-197.

其次，规划要结合区域产业分工，研究提出使自然保护地内的乡村产业发展融入区域产业发展分工的措施和建议，使自然保护地总体规划范围内的乡村产业发展成为区域产业发展的有机组成部分。

再次，在统筹区域产业分工和自然保护地管理要求的基础上，规划要为各个乡村社区提出科学合理的发展方向，以及原则性的发展建议和措施。通过有效改善和优化自然保护地乡村经济结构和经济发展模式，尽量使自然保护地乡村发展成一个自身有良好造血功能的健康有机体。

当然，由于自然保护地规划不同区域（不同的保护分区或者不同的功能分区）的保护管控措施和要求都有所差异，所以不同区域内的乡村产业发展方向和定位会有所差别。即使是同一管控区域的乡村，由于各个乡村社区的人力资源禀赋、现状基础等条件不同，发展的方向和措施也会有相应的区别。

3. 制订产业扶持和利益补偿机制

虽然自然保护地内乡村产业发展要受到因保护而提出的种种条件的限制，但自然保护地范围内的乡村有权利也应该享受改革发展的成果，以获得更好的生产生活水平，不能因为位于自然保护地范围内就必须面对贫困。

依据为自然保护地制定的正负清单来引导和督促乡村产业发展，虽然有利于自然生态资源保护，但很有可能使乡村居民摒弃了以粮食高产、经济效益至上为主要目标的生产活动。从经济学的角度来说，一方面，这些对乡村产业的限制很可能会影响甚至损害乡村居民的经济利益；另一方面，这些要求却有益于自然保护地生态服务功能提升，提升后受益的不仅是其内部的乡村居民，还有整个自然保护地乃至更大范围的区域群体。因此，从这两方面来说，规划应该研究提出乡村发展的产业扶持和利益补偿机制，要支持和鼓励有利于自然生态保护的生产方式和产业模式，要给予从事这些产业的乡村居民必要的经济利益保障和生态补偿。例如可以从自然保护地生态保护资金或者特许经营收入中划出一定比例的资金用于支持乡村产业的合理化发展，或者给予所有从事有利于保护自然生态资源的生产活动的村民一定的就业、税收和贷款等政策优惠。近期，中共中央办公厅、国务院办公厅印发了《关于深化生态保护补偿制度改革的意见》等政策文件，规范和细化了有关生态补偿等的具体要求，可以作为自然保护地总体规划制订生态补偿等相关措施的依据。

专栏6-2　《关于深化生态保护补偿制度改革的意见》节选

建立健全以国家公园为主体的自然保护地体系生态保护补偿机制，根据自然保护地规模和管护成效加大保护补偿力度。各省级政府要将生态功能重要地区全面纳入省级对下生态保护补偿转移支付范围。

根据生态效益外溢性、生态功能重要性、生态环境敏感性和脆弱性等特点，在重点生态功能区转移支付中实施差异化补偿。引入生态保护红线作为相关转移支付分配因素，加大对生态保护红线覆盖比例较高地区支持力度。

建立占用补偿、损害赔偿与保护补偿协同推进的生态环境保护机制。建立健全依法建设占用各类自然生态空间的占用补偿制度。

五、优化和完善基础设施

自然保护地乡村基础设施的规划建设是自然保护地保护和发展不可或缺的组成部分。这类乡村建设规划应科学测算基础设施的发展规模和使用量，将乡村基础设施建设纳入自然保护地整体建设中统筹考虑，按自然保护地基础设施的标准和要求来建设，使之成为自然保护地与乡村社区协同发展的基础保障。

1. 完善乡村污水和环卫等设施

在乡村，诸如排污管道、新建化粪池、公共厕所和垃圾房等看似不起眼的基础设施，不但能提升乡村人居环境水平，而且能有效防止乡村生活生产对保护地自然生态资源的损害，消除威胁因素，对促进自然保护地生态保护和可持续发展等都具有重要的作用。

自然保护地乡村对基础设施的需求主要体现在供水、污水和垃圾的收集处理等方面。主要有两方面原因。一是我国大部分自然保护地位于偏远地区，其基础设施布局设置受制于地形和距离等，建设困难，投资较大，致使乡村居民点缺乏必要的供水、污水等处理设施，在生活水平受限的同时，乡村社区的发展也受到影响；二是部分乡村自发建设活动导致基础设施跟不上发展需求，使得乡村对水资源的消耗过大，或产生的污染物得不到及时处理。此外，部分自然保护地对某些旅游服务的基础设施配套较为完好，但对乡村社区基础设施的投资建设却疏于关注。当前，自然保护地乡村基础设施短缺或不完善的现实情况对自然生态资源造成了较为严重的影响和损害，某种程度上也阻碍了自然保护地生态环境的改善。因此可以说，优化和完善自然保护地乡村的基础设施，不但有利于提升乡村居民的生活质量，而且对自然保护地自然生态和环境的保护也将起到非常重要的作用。

因此，完善自然保护地的基础设施首先应完善污水和垃圾收集处理设施，降低乡村社区生活污水和生活垃圾对环境的不良影响。根据乡村社区的自然地理条件、发展状况，可分两种方式规划建设乡村社区基础设施。第一种针对散点分布、地形条件复杂、交通不便、主要从事传统农业生产的、建设成本偏高的乡村社区居民点，宜采用家庭式污水处理系统，废水作为农业生产的绿肥使用；对于从事旅游经营的分散乡村社区居民点，原则上应对污水集中处理，并鼓励使用工程湿地。第二种针对较为集中的乡村居民点，应对生活污水进行集中收集处理。在污水测算方面，应充分考虑当地的外来人口数量，特别是对有大量旅游人口的旅游服务型乡村社区，应充分估计旺季高峰期入住人口的数量、居住天数，按照高等级标准配备污水收集和处理设施。对于乡村生产生活垃圾的收集处理，规划应提出建设覆盖从居民户、自然村、行政村到集镇和镇区的垃圾收集处理设施并建立相应的运行机制。

2. 优化线性设施的选线和布局

乡村居民生产生活所需的交通、输电线路等线性基础工程的建设应严格在自然保护地保护对象分布评估的基础上进行，避免建设过程中对保护对象造成不可挽回的破坏。同时应考虑这类设施建设使用后所产生的负面影响，如机动车交通产生的噪声和废气、高压线路对鸟类的威胁等。在地方重大民生设施的选线过程中，必要的论证程序是确保降低对保护对象负面影响的重要途径。

有研究显示，道路、电力电信等线性基础设施给野生动物的迁徙会造成障碍，对大型鸟类的迁徙飞行有潜在威胁。因此，在这些线性基础设施的规划选线过程中，应充分调查和研究保护对象的分布状况，特别是对有重要价值的动植物栖息范围、地质遗迹点和有重要美学价值的区域等。对有重要保护价值的上述区域，原则上不应规划建设上述基础设施，对确有必要建设的基础设施，应尽量选择埋设管线或建设动物迁徙通道等方式。同时在规划过程中也应专题论证不同的选线方案，并选取最低影响的选线方案。

3. 完善乡村社区各类监测设施

监测设施是了解自然保护地相关保护状况及其影响和威胁因素的重要基础设施。部分自然保护地类型的总体规划中已经要求有针对监测设施的相关规划内容。一般而言，不同的监测对象需要用到不同类型的监测设施和方法。如对于动物要素，一般采用定点安放红外相机的方式监测对象动物出现的区域和数量；对于生态系统的保护状况，通常通过卫星遥感和地面人工调查相结合的方式进行监测；对于反映环境污染状况的各类环境要素，通常通过固定或可移动的设备或设施对水质、水量、空气质量等进行定点监测。

　　在总体规划中，应按照不同的监测设施和监测手段，结合自然保护地各类保护对象和威胁因素进行系统布局。而乡村社区作为保护对象的载体，同时也可能是保护对象的重要威胁因素，必须针对性地布置相应的监测设施以完善监测体系建设。因此在规划过程中，需结合乡村居民点与保护对象的空间关系，布置针对威胁因素影响状况的监测设施，如针对水质、水量、空气状况等的监测设施。针对影响较为强烈的乡村社区，还应结合卫星遥感等方式对较大尺度的生态系统保存状况进行监测和研究，有条件的可规划构建"天空地一体化"的监测网络，把乡村社区这个因素真正纳入自然保护地动态监测工作之中。

第七章
自然保护地村庄规划的重点和方法

　　自然保护地村庄规划[①]（通常指的是一个或数个自然村的规划）对应的法定规划体系主要有两类，一类是依据《城乡规划法》和《关于建立国土空间规划体系并监督实施的若干意见》等法律法规和政策编制的村庄规划；另一类是依据与自然保护地有关的法规和标准，如《风景名胜区条例》以及有关规划标准，编制的以乡村（村庄）为主要规划对象的详细规划。两类规划都需要体现"协同发展"的理念。因此，前者需要强化自然生态资源保护的相关要求；后者需要关注乡村社区发展的合理诉求。

　　因此，对于自然保护地村庄规划，不论是从属于国土空间规划（城乡规划）体系，还是自然保护地规划体系，除了按照有关法律法规以及相关标准规范的要求进行规划编制外，还应贯彻和践行"协同发展"的理念，聚焦规划研究的重点和方法。

一、分析村庄对自然保护地的影响

1. 以影响区域为规划研究范围

　　《城乡规划法》中的"村庄规划"，其主要内容是对村庄居民点的生产生活环境和设施进行改善和安排。而自然保护地村庄作为与自然保护地密切相关的一类要素，其居民的生产生活对自然保护地都会产生一定的影响，因此，自然保护地村庄规划应包含更为广泛的地域范围和更复杂的作用关系，通常

---

① 自然保护地村庄规划的概念解释详见第五章。

可以理解为包括整个村域范围"三生"空间的一类规划。而且有些情况下，村庄居民的生产生活对自然保护地的影响甚至超出了村域范围。如位于水系上游的村庄，如果其生产生活的污水不能很好地处理，随意排放入水系之中，就会对下游的水系产生一定的负面影响，其影响程度和区域面积取决于污染物的量和类别，很可能就会超出村域的范围；再如一些村庄不合理的建设，或过高，或风貌不佳，其视觉影响也常常会超出村域的范围；还有部分村庄居民开山、采石、伐木、采摘等活动的范围也常超出该村域的范围。因此，对于自然保护地村庄规划来说，有必要将各项生产生活活动对自然保护地产生影响的区域作为规划研究的范围。

2. 以综合技术强化现状调研

就自然保护地村庄而言，它对自然保护地产生的影响呈现两面性。一方面，村庄居民对维护自然生态资源发挥积极作用，在科学意义上，部分村庄居民点就是自然生态系统的组成部分。另一方面，村庄生产生活也会给自然保护地产生负面影响。因此，规划工作应在详细的调查分析的基础上，充分掌握村庄生产生活和自然保护地各类保护对象在空间、类型上的关系和相互影响。

基于村庄发展和规划的复杂性，应该综合运用各类技术手段来进行现状调查和分析。具体来说，不仅需要通过踏勘、走访、文献整理、测量测绘等方法调查分析村庄人口（数量、结构）、建设（规模、高度、风貌等）、土地资源（农田、林地、水体等）的现状，掌握详细的信息和资料；而且还应选择性运用卫星遥感、航空遥感、地面调查监测等技术手段，对村域范围内保护对象以及自然生态资源（动植物和生物多样性）进行调查；必要时，还需进行一定时间周期内的动态监测，了解村庄生产生活影响自然生态环境的机理和动因；另外，还应分析研究历史文化、居民生活方式和生活习惯等。[①]通过运用各种技术手段，加强对村庄现状及其对自然保护地影响的分析，使其成为自然保护地村庄规划工作的基础和依据。

---

① 谢霏雯，吴蓉，李志刚."十三五"时期乡村规划的发展与变革[J].规划师，2016，32（3）：24-28.

二、明确村庄发展方向和规划策略

村庄规划要依据各类村庄对自然保护地产生的影响[1]，因地制宜，分类施策，明确村庄的发展策略，制订有针对性的措施，降低和减缓居民生产生活对自然保护地的负面影响，协调村庄和自然保护地之间的关系。单纯强调村庄的发展而忽略自然生态资源保护有违自然保护地的宗旨，但如果忽略村庄发展的诉求也有违现实情况，反而不利于自然生态资源保护。

1. 生存依赖影响型村庄规划

生存依赖影响型的村庄，一般位于交通不便、经济发展相对滞后的自然保护地区域。这类社区的农户为了生存和发展，通常会从所在（或毗邻）的自然保护地获取生产和生活资料，易对自然保护地造成负面影响和损害。

对于这类村庄，规划应提出如何优化和改善原有的生产生活方式。一般需要逐步通过资金、技术扶持，改变原来直接从自然保护地获取生产和生活资料的方式，降低对环境的负面影响。同时应配套必要的交通设施，加强这类社区和周边区域的联系，为经济发展提供基础。如大熊猫国家公园传统利用区域内的村庄规划，应选择有代表性的生态产业，开展蜜蜂养殖以及杜仲、黄柏等中药材林下种养业示范项目建设，发展一批示范村、示范户，并适度发展民族文化、生态体验、熊猫文化产品、特色农产品加工等具有当地特色的绿色产业。同时，规划还应引导建设完善村庄住宅等生活设施，可以通过加固、改建等方式优化村庄居民的生活环境，逐步提升村庄居民的生活水平。

2. 传统生产影响型村庄规划

传统生产影响型村庄，往往靠传统的生产方式，没有遵循可持续的原则，或存在一定程度的非法改变土地用途的行为。这类村庄应从规划管制、生产活动可持续化引导的方向考虑。这类村庄应加大对土地利用的监管力度，最

---

① 本书第二章中已进行较为详细的论述。

为重要的是在规划中明确传统产业的调整方向，逐渐将其转变为对环境影响较小的生产结构，并在实际操作过程中逐步应用和推广可持续的生产方式。如三江源国家公园考虑到生物多样性的保护要求，需要对牧民的畜牧量和放牧范围进行一定程度的限制。因此，对这类牧业型村庄的规划应通过旅游参与、政府补偿、减畜、社区参与巡护等方式，进一步将牧民未来的发展融入区域可持续发展中，逐步降低牧民生产对自然保护地的影响。

3. 旅游产业影响型村庄规划

旅游产业影响型的村庄大多位于东部经济较为发达的自然保护地区域。这类社区由于过量旅游服务设施的建设和污染物的排放而对自然保护地产生了负面影响。因此，这类村庄规划应提出加强旅游服务设施规模和风貌管控的措施和方法，并对服务设施的接待能力、基础设施进行完善。同时在规划中还应有明确的建设引导内容，通过细化的条款引导村庄建筑风貌向本土化、特色化、低环境影响化的方向发展。另外，还有必要提出有效的管控政策，避免外来人口迁入造成旅游服务设施扩张。

4. 开发建设影响型村庄规划

这类村庄对自然保护地产生的影响主要是不断增长的人口以及大量无序的建设给自然生态和景观风貌带来的现实和潜在的影响。这既有旅游发展的原因，也有因区位和自然条件优越而引起村庄有城镇化倾向的缘故。对于前者可参考旅游发展影响型村庄的规划指引。这里主要针对后者引起的村庄开发建设进行阐述。

对于这类村庄的规划，首先，应制订合理的措施对人口规模进行严格的控制，如通过户籍、土地、住宅等限制性条件来控制外来人口迁入；其次，规划应对村庄的建设用地进行合理的预测和控制，避免不合理的建设给生态环境带来负面影响。对于产业方面，规划应提出准入的产业模式清单，避免可能对自然生态环境产生损害的生产方式。另外，规划还应对建筑景观风貌的管控引导、基础设施的完善等提出相应的要求。

另外，对于非法活动影响型村庄规划，首先应完善法定规划的分区控制要求，明确非法活动的定义、违规活动的空间分布，并将其作为执法机构的管理依据。其次应该提高解说教育水平，加强解说教育的硬件设施规划建设，在完善科普设施的基础上，建设警示标识体系。

三、引导有利于自然生态保护的生产方式

乡村产业持续健康发展，不但能提高社区居民的生活水平，而且可以促进社区居民积极主动参与自然生态保护工作，有利于自然生态保护和管理，是实现自然保护地和乡村协同发展的物质基础和必要条件。①

对于自然保护地村庄规划，应研究分析自然保护地总体规划，并依据总体规划中关于产业发展引导等方面的内容和要求，明确拟规划的村庄的经济产业发展方向和建议。按照国家公园、自然保护区、自然公园等不同类型保护地的要求以及保护分区的管控措施，统筹村庄产业发展与自然生态保护的关系，提出科学可行的产业类型和生产方式。

1. 低影响的农业生产方式

自然保护地内用于农业生产的土地资源一般比较紧缺，而且这些土地往往承载着许多有价值的自然生态资源，或者本身就是颇具价值的风景资源，如桂林喀斯特保护地中的耕地，各类山岳型自然保护地中的山体、林木等都是重要的自然生态资源，而现代大规模的农业生产所需要的农药、化肥、水利等都可能对自然资源产生较大的危害，这就要求自然保护地内乡村产业发展不应采取单纯追求经济效益的发展模式②（图7-1）。采用传统的农业生产方式和产业类型，虽然直接经济效益往往非常微薄，但这种生产方式不但有利于自然生态资源的保护，而且有时对传承自然保护地的文化和历史、促进自然教育和生态旅游等方面都会起到十分重要的作用。

---

① 对于村庄规划，目前没有统一的国家标准。因此，对于村庄产业发展，各地方标准也要求不一。因此，本部分研究和阐述的内容，供编制研究包含村庄的自然保护地详细规划，以及国土空间规划体系下的村庄规划等时参考借鉴。
② 陈战是. 农村与风景名胜区协调发展研究：风景名胜区内农村发展的思路与对策［J］. 中国园林，2013，29（7）：51-53.

武夷山传统茶园   崀山传统农业（插秧）

图7-1 自然保护地传统的生产方式

2. 适当发展乡村特色产品

我国自然保护地分布广泛，或在大山深处，或在河旁江畔，不同的自然条件适合不同的农作物生长和繁育。因此我国自然保护地内的乡村产业发展应当因地制宜，积极融入区域产业分工，适当发展当地特色农产品。特色农产品也不必拘泥于一种或几种产品，宜粮则粮，宜茶则茶，宜果则果，宜花则花，通过鼓励特色农产品的生产、供应，乃至加工，促进当地乡村产业发展，而且也可以利用自然保护地的品牌优势条件，扩大农产品的市场知名度。如梵净山、武夷山的茶叶、桂林喀斯特的柑橘等都借助所在自然保护地的知名度而在同类产品中颇具影响，在市场上具有较强的竞争力。

3. 科学引导乡村旅游和服务

位于自然保护地边缘以及周边区域的乡村，可以依据自身条件合理发展乡村旅游（或旅游服务）。简朴、自然、富有地方特色的村庄建筑、生产生活习俗和秀美的自然景观构成一幅幅幽静恬美的田园风光，成为颇具特色的生态旅游资源，特别是自然山水中的田园风光与独具特色的乡土文化相结合，如崀山自然保护地内丹霞山谷之间的传统稻田、桂林喀斯特地貌下的油菜地等，对游客产生较强的吸引力。[①]一方面，小规模和传统的农业生产和生活方式是乡村休闲旅游的重要内容。游客可以参与农务劳作（播种、收割、浇

---

① 陈战是. 农村与风景名胜区协调发展研究：风景名胜区内农村发展的思路与对策［J］. 中国园林，2013，29（7）：51-53.

水、摘果等），了解和体验乡村的生活习俗、风土人情，回归自然，返璞归真。如武夷山自然保护地部分村庄将茶叶种植、加工、品尝与游客的观光体验相结合，获得了较好的评价。另一方面，自然保护地中的一些特色村庄也是开展乡村体验和自然生态旅游服务的良好场所，特别是一些自然保护地村庄具有特色的石头房、石板房、吊脚楼等，也可成为地方独特的手工艺品制作和观光体验的场所，如贵州喀斯特保护地的蜡染、叠染、印染，云南三江并流自然保护地的刺绣、锦织、银饰等。另外，一些位于自然保护地自然生态游览线路上的村落也可以通过适当改造，成为各具特色的旅游服务点或旅游服务村。

四、统筹人居环境建设和自然生态保护的关系

乡村人居环境是村民生活的重要物质基础，包括住房、户外空间以及各类相关设施等，不但与乡村居民的生活密切相关，而且也是自然保护地整体形象的重要组成部分，是体现自然保护地与乡村协同发展水平的重要标志。村庄规划首先要紧密衔接自然保护地总体规划以及所在乡镇国土空间规划，明确村庄管控（搬迁性村庄社区不在此论述）的目标和要求，明晰建设用地以及适宜开展的建设行为（如住宅的改建和翻建、公共空间建设等），统筹村庄发展需求和自然生态保护之间的关系，既要考虑乡村居民的需求，也要避免侵占自然生态空间和用地。

1. 因村制宜、优化布局

在村庄布局结构上，规划要研究如何因地制宜、因村制宜、分村施策，通过微更新、环境整治等方法和途径，在保护村庄原有肌理的基础上优化完善村庄的空间环境，促进自然保护地与乡村协同发展，体现人与自然和谐共生的理念。

对于自然保护地内的不同村庄，规划的重点和方向也应有所区别，要分类制订相应的规划策略。对于历史文化较为深厚的村庄，如各级历史文化名村、传统村落等，规划既要符合国家和地方相关保护与规划要求，也应保持

原有村落格局和建筑风貌，保护文物建筑与历史建筑，保护特色文化，改善居住环境；对于具有旅游服务职能的村庄，规划要充分体现旅游职能，宜结合居民建筑开展旅游服务活动，也可依据自身用地和基础设施条件，因地制宜布置适量旅游服务设施，新建旅游服务设施应符合自然保护地总体规划要求，并与村庄整体景观风貌相协调。对于其他村庄，原则上也要严格管控或限制各类新增旅游服务设施的建设。

2. 控制和引导景观风貌建设

自然保护地村庄规划应十分注重突出景观风貌建设，不仅要注重对自然环境的把握，而且要体现自然保护地的人文品位，力求促进乡村景观风貌与自然保护地整体环境相互融合（图 7-2）。规划应对居民住宅（体量、形式、色彩及风格等）提出详细的控制原则和指导意见。通过加强对村庄住宅建筑

图 7-2　较好地融入自然生态环境中的乡村风貌（崀山）

风貌的控制和引导，使各类建筑的改造、翻新等建设既能充分尊重自然保护地的自然特征和景观风貌，又能传承乡村优秀文脉，保持地方传统建筑风貌的延续性和可识别性。对于在自然保护地内一些有着悠久的历史传统和深厚历史积淀的村落，建设中应尊重现状，延续文脉，强调保护和继承传统空间形式和景观风貌。对于位于敏感地段或游览道路两侧的村庄，规划应严格控制建筑规模、体量、高度、形式、材料、色彩，有条件的地区，宜加强绿化遮挡，达到树木掩映的效果。而对于需要新建和更新改造的农村建设规划，也应突出对自然环境和人文传统内涵特色的认知和把握，必要时需进一步明确村落形态、建筑形式以及选用的建筑材料，塑造自然保护地的人文特色。如黄山乌泥关村庄规划中充分利用地形营造了传统村落丰富的空间层次，同时保存原状的地貌肌理和人文邻里关系，在住宅建筑设计上也合理地汲取了本地民居的元素，体现了地域特色风貌（图7-3）。

3. 注重基础设施建设

村庄基础工程设施规划建设除满足相关法律法规、标准规范的要求外，还应同自然保护地的特征、功能和保护分区相适应，其规划建设不得对自然保护对象产生负面影响或损害。对于规模较大的基础设施工程的建设，应专

图7-3 村庄住宅建筑风貌的规划管控和引导（黄山）
图片来源：赵暐提供

项论证对自然生态资源的影响。

村庄道路交通的规划建设，不但要依据需求针对性提出道路红线宽度以及绿化等要求，还要依据村庄所在区域的野生动物习性，适当考虑布置动物通道（上跨式通道和下穿式通道），降低道路的生态阻隔作用，缓解或降低道路建设对动物的不良影响。动物通道位置的选择，应基于现场观测数据、专家调查和居民访谈获取的信息以及动物致死的调查和分析，确定拟设通道形式、数量、位置、净空等。

对于无法接入市政污水管网的村庄应规划布置污水收集、处理系统。在地质条件允许的情况下，给水排水管线和电缆等线路尽可能沿道路埋地敷设，给水和污水处理、供电等设施尽量安排在较为隐蔽处，并符合自然保护地的相关管理要求。对于开展集中收集有困难的散布居民点宜修建人工湿地污水处理设施对生活污水进行处理。

另外，要对村庄周边泥石流、滑坡、塌方等地质灾害进行详细调研，确定涉及村庄的地质灾害类型、位置、规模和可能受到的影响，并规划建设相应的工程防护设施。

4. 强化自然生态的保护和修复

自然保护地村庄规划，应对村域范围内的主要保护对象及其生态环境进行调查分析，对其保护状况进行研究评估，并提出相应的保护措施。如村域范围内存在珍稀濒危动植物及其栖息地的，应划定必要的保护范围，并对乡村产业发展、生产生活方式、污水处理等方面提出具体的规定性或指导性要求。

对正在退化或者遭到损害的主要保护对象，要分析其退化或者遭到损害的原因或威胁因素。对遭受村庄不当的生产生活负面影响或损害的区域，要对相应的人为活动提出管控和引导措施，消除产生负面影响的因素。同时，根据主要保护对象的特点或退化与破坏程度，提出恢复、修复或重建措施。如对于遭受破坏、退化的自然生态系统和动植物生境，规划应科学提出生态修复、水源涵养、植被抚育、水土保持等措施，必要时也可提出实施退耕还林、还湖、还草等措施；对于受损的自然遗迹或自然景观，规划应划定相应的保护范围，设置监测和防护设施，设置宣传和警示牌示等。

五、完善社区共管和社区参与的措施

社区共管是指社区对特定范围内自然生态资源的保护和利用承担一定的职责，并同意在可持续利用这些资源时与自然生态保护的相关目标不发生矛盾的管理模式。[①] 社区参与通常指的是社区积极主动参与特定范围内自然生态资源的保护管理和旅游发展的相关工作。我国自然保护地村庄的管理既有普通乡村的特点，又要受到自然保护地法规和政策的影响。同时，我国自然保护地乡村社区也存在权属复杂且管理困难的现实，因此，有必要在自然保护地村庄规划层面提出有利于完善社区共管和社区参与的相关机制和措施。

首先，需要加强和完善村庄的行政组织和管理。当前，依据《村民委员会组织法》，我国村庄社区实行的是村民自治制度，村民委员会是其自治组织，也明确了中国共产党在农村的基层组织（即村党支部委员会）发挥领导核心作用，领导和支持村民委员会行使职权。也就是说，村两委是村庄组织管理的主要行政性组织。规划要依据现状村庄组织管理中的薄弱环节，有针对性地提出如何加强村两委能力建设，如何发挥村两委在自然资源管理方面的能力和作用，并提出乡村居民参与自然保护地管理的权利和义务。其实，许多乡村社区在长期的生产生活中已经形成的很多有效的资源利用方式、村规民约和乡土知识，都可以促进自然资源的有效管理。

专栏 7-1　《宪法》《村民委员会组织法》的相关内容

我国《宪法》明确村民委员会是基层群众性自治组织，也明确了村庄和城镇的行政管理是两个不同的范畴（村庄规划的编制、实施和管理一定要注重"村民自治"）。《村民委员会组织法》规定了村民委员会的职责。作为村庄公共事务和公共事业的村庄规划编制，是村民自治的重要内容。在每个行政村内，都有两个村级行政组织，即村党支部和村民委员会。

---

① 李小云，左停，唐丽霞 . 中国自然保护区共管指南［M］. 北京：中国农业出版社，2009.

其次，规划要依据各村现状条件，注重提高和完善村民的社会经济组织化程度，成立诸如专业合作社等组织。由于我国乡村居民在社会经济活动中大多以家庭为单位各自为战，难以在自然保护、经济产业选择、生态补偿等方面达成共识。因此，规划通过组织制度的激励和奖惩以及乡规民约的约束等，引导村民公平、有序地参与社会经济活动，改变以单户为经营主体、盲目竞争的发展模式，既可以保障村民在其中享受公平合理的利益分配，也有利于自然生态资源的保护管理。如九寨沟通过给村民提供基本生活保障金等方式，提高村民组织化程度，鼓励和支持社区与保护管理部门组成联合体，共同参与自然保护地可持续旅游发展，使乡村和自然保护地成为一个整体，对统筹自然保护地和社区协同发展之间的关系起到了较好的示范作用。

再次，规划应研究提出社区参与的途径和方法。自然保护地管理过程中需要大量的从业人员，如导游、旅游设施管理员、治安员等。规划应提出关于村庄参与自然保护地管理的途径和人员安排，以及生态补偿基金的使用等的建议，以利于村委会在与保护地管理部门协商的基础上，对每一个拥有劳动能力的农民进行培训，这不但可以确保农民获得相应的就业机会，而且协调了自然保护地与社区居民的关系，提高他们之间的相互信任度，更有利于自然生态资源的保护。另外，在规划的程序上，应积极构建规划研究沟通平台，提高规划的开放性和参与的广泛性，使社区居民能最大限度地理解和认同规划内容，这样既便于规划提高编制的可操作性，也能确保规划实施取得良好效果。

下篇　实践和案例

　　本部分规划实践共有 8 个案例，包括金佛山（国家级自然保护区、国家级风景名胜区、国家森林公园、世界自然遗产地）、可可西里（三江源国家公园、世界自然遗产地）、青城山（国家级风景名胜区、世界自然遗产地）、贵州关岭（国家地质公园、省级风景名胜区）、峨眉山（国家级风景名胜区、世界自然遗产地）、札达土林（国家级风景名胜区、国家地质公园、世界遗产预备清单）、衡山（国家级风景名胜区、国家级自然保护区、世界遗产预备清单）、黄山（国家级风景名胜区、国家地质公园、世界自然和文化双遗产）等自然保护地。其中，案例 1~4 是总体规划层面"协同发展"的专项规划实践；案例 5~8 是基于"协同发展"理念，在宏观、中观和微观等不同尺度地域内乡村社区发展、调控和整治等方面的规划实践。

　　我们在编制这些自然保护地规划的过程中，针对不同自然保护地的实际情况和发展背景进行了深入的分析和探讨，将自然保护地和乡村社区的协同发展作为规划研究的重点，综合运用前述的理论和方法，因地制宜，分类施策，力求突出各个自然保护地规划的特点和特色。

第八章
金佛山——"圈层式"自然地理特征下 "协同发展"规划实践

一、现状概况

1. 地理区位

金佛山地处北纬 30° 附近，四川盆地东南缘与云贵高原的过渡地带，大娄山脉北部，重庆市南川区境内东南隅。金佛山群峰起伏、沟壑纵横，最高峰海拔 2238m。融山、水、石、林、泉、洞为一体，集雄、奇、幽、险、秀于一身，风景秀丽，气候宜人，旅游资源丰富。[①] 金佛山素有"南方第一屏障，巴渝第一名山"之美誉。

2. 自然保护地概述

金佛山主要区域已纳入金佛山国家级风景名胜区（以下简称"风景区"）、金佛山国家级自然保护区以及金佛山国家森林公园管理。同时，金佛山喀斯特也是世界自然遗产地——中国南方喀斯特系列遗产地的重要组成部分。

（1）风景名胜区和自然保护区

金佛山是 1988 年国务院批准公布的第二批国家级风景区之一，总面积为 437.74km²，核心景区面积 92.94km²。2000 年国务院又批准金佛山为国家级自然保护区，总面积为 405.97km²。

自然保护区与风景区空间关系密切，金佛山自然保护的核心区除台地西坡及预留的应急通道位于风景区二级保护区以外，其余区域完全包含在风

[①] 肖东发，张德荣. 绝美景色：国家综合自然风景区［M］. 北京：现代出版社，2015.

景区的一级保护区（核心景区）内，作为重点保护区域。自然保护区的缓冲区包含在风景区的一级保护区和二级保护区内，以生态保育为主。自然保护区的实验区除马鞍村、观音村等村庄居民点外，其余部分均在风景区的一级保护区和二级保护区内，以生态保育和风景游览功能为主。

（2）世界自然遗产

金佛山喀斯特主体景观与中国南方喀斯特系列遗产地的锥状、塔状、剑状和峡谷—天坑景观明显不同，是中国南方喀斯特一个独特的地貌类型，是古近纪以来地球演化和喀斯特作用过程与结果的杰出范例，代表了云贵高原边缘古老的地质地貌发育历史。[①]

金佛山遗产地完全位于风景区范围之内。遗产地除遗产展示区以外的原始森林区域，均纳入风景区一级保护区（核心景区），进行严格的生态保护；遗产展示区是风景资源最集中的区域，纳入风景区的二级保护区进行适度游赏利用（图8-1）。

3. 主要保护对象和资源特征

（1）喀斯特地质地貌

金佛山喀斯特属高原残留型继承性发育类型，代表了喀斯特地貌发育的青年阶段，完整记录了新生代地壳间歇性抬升和岩溶作用的地质历史。[②]金佛山喀斯特揭示了台塬喀斯特地层—构造抬升—水文—地貌与洞穴之间协同演化的特点，有重要的科研价值。

金佛山地区曾经历过三次较大规模的地质运动，形成了典型的三级台地景观地貌。目前仍保留着三级完整的夷平面：第一级以金佛山海拔2000m左右的主峰为代表，第二级海拔1500m左右，第三级海拔1000m左右。金佛山完整而典型的三级台地地貌是研究该地区地质历史、古气候变化的重要物质载体（图8-2）。

金佛山溶洞是目前重庆乃至全中国在高海拔上发育的最长洞穴系统。目

---

① 王惠婷. 金佛山喀斯特世界自然遗产地保护与旅游规划研究［J］. 遗产与保护研究，2017，2（1）：39-44.

② 李高聪. 中国南方喀斯特地貌全球对比及其世界遗产价值研究［D］. 贵阳：贵州师范大学，2014.

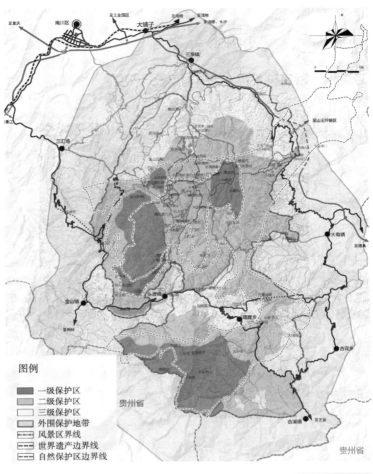

图 8-1 金佛山风景区与世界遗产地的空间关系

图例

- ■ 一级保护区
- ■ 二级保护区
- □ 三级保护区
- ■ 外围保护地带
- 风景区界线
- 世界遗产边界线
- 自然保护区边界线

图 8-2 金佛山喀斯特典型地貌形态

图片来源：金佛山风景名胜区管委会提供

前已发现并测量仙女洞、古佛洞、灵官洞、燕子洞和金佛洞等洞穴，已测长度累计17968.4m。其中，古佛—仙女洞穴系统是区内海拔位置最高、发育年代相对最早的洞穴系统之一，金佛—羊子洞穴系统是区内长度最大、规模最大、空间结构最为复杂的洞穴系统。[①]

（2）生态系统与生物多样性

金佛山喀斯特位于亚热带，属常绿阔叶林地带性植被。生态环境具有缺土、少水、富钙的特点，植物表现出典型的旱生性、石生性和适钙性等生态特性，形成了典型、特殊的喀斯特森林生态系统。其中，大片的原始喀斯特森林构成了北半球亚热带同纬度地区最完整、最具代表性的亚热带喀斯特森林生态系统。

在生物多样性价值方面，金佛山是动植物生长的天堂，也是众多珍稀濒危物种的自然栖息地。金佛山在第四纪冰川和山岳冰川期免受北方大陆冰川的直接侵袭，成为古生物的避难所；许多不同地质年代出现的植物和不同区系成分的植物共生在一个植物群落里，珍稀、孑遗、特有植物异常丰富，使金佛山成为奇花异草的天堂，也成为世界森林中最珍贵、罕见的自然遗产。[②]

最难能可贵的是金佛山石林与全球的喀斯特地貌截然不同。金佛山生态石林不是单一的石景，而是由绿苔、杂树、立石组成的充满生命活力的石树共生奇观。同时，金佛山生态石林是在重庆喀斯特地貌上发现最早的，也是全国植被发育和保存最好的生态石林。[③]

（3）典型的自然景观

金佛山低山为星罗棋布的峡谷溪洞，中山为绵延起伏的峰丛洼地，高山为宽阔舒适的缓坡平台。风景资源类型多样，融山、水、石、林、泉、洞为一体，集雄、奇、幽、险、秀于一身。[④]其自然景观体现在山峦绝壁的恢宏奇观，巨洞峰岩的妙趣天成，山佛一体的佛缘悠久，生物王国的清凉世界，山水相

① 张任，朱学稳，韩道山，等. 重庆市南川金佛山岩溶洞穴发育特征初析［J］. 中国岩溶，1998（3）：14-15，17-18，20-29.
② 秦楠. 国家森林公园教育旅游产品开发研究：以重庆金佛山国家森林公园为例［D］. 重庆：西南大学，2010.
③ 巴渝大地最美的生态屏障［J］. 今日重庆，2011（4）：32-45.
④ 孟路. 金佛山天然的动植物宝库［J］. 资源导刊（地质旅游版），2013（2）：56-57.

映的妙境幽谷，冠绝西南的云日冰雪，在国内乃至世界都是稀有宝贵的资源。

（4）丰富的历史文化

金佛山历史遗迹丰富，文化组成多元。自古以来僧侣慕名上山修庙建寺，最盛时寺庙达200多处，以金佛寺、凤凰寺、铁瓦寺、莲花寺最负盛名，在清末、民国年间鼎盛一时。区内马咀岩扼川黔咽喉，被誉为"南方第一屏障"，1255年南宋守臣淮东都梁茆世雄在此筑城抗元，与合川钓鱼城、泸州神臂城同是抗元时的姐妹城，现存遗迹"龙岩城"依稀可忆当年的烽烟；金佛山北麓有民国时期利用龙岩江中冷、温、热三眼泉而建的三泉公园，当时所辟的"三泉十景"、民国要员别墅等仍留遗址。[①]

4. 自然地貌与村庄分布的"圈层式"特征

金佛山喀斯特是全球热带亚热带地区切割型台塬喀斯特的典型代表，以高海拔洞穴系统、多级夷平面和封闭陡崖等为主要形态。其山水空间格局可以归纳为"双层台地，溪谷环抱"。从地形地貌看，呈现"低山平缓，中山绵延，高山平敞"的三级"圈层"自然地理特征和空间特征。高山区域为金佛山生态环境最优良的地区，包含了金佛山、柏枝山山顶台地原始森林、银杉分布区域；中山区域与高山山体同脉相连，是对风景区的风景游赏、整体景观环境有重要影响的区域；低山区域是居民、村镇建设、农田较多的区域。三级台塬是金佛山最突出的空间特征，金佛山的自然资源密集程度和价值总体上也随台地依次升高，以一级台地（世界自然遗产地范围）总体价值最高（图8-3）。

金佛山的乡村社区呈现"环金佛山"分布的特点，从金佛山区域整体居民点分布特征上看，其圈层分布特征较为明显。高山为无居民区（遗产地范围），仅有几处竹笋采集临时居住点；中山仅有少量居民点分布。居民点主要分布在海拔1200m以下的低山区域，聚居于风景区三级保护区及以外的地区，居民点多且分散（图8-4）。

---

① 秦楠. 国家森林公园教育旅游产品开发研究：以重庆金佛山国家森林公园为例［D］. 重庆：西南大学，2010.

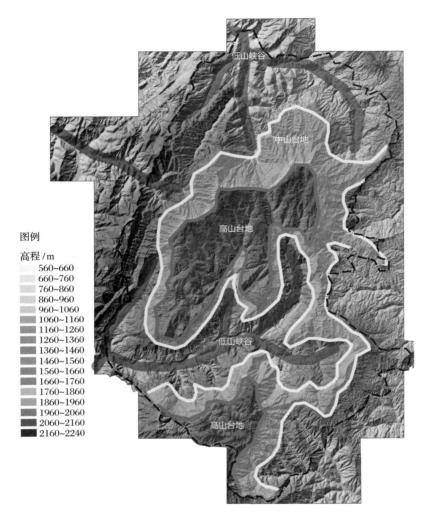

图例

高程/m
560~660
660~760
760~860
860~960
960~1060
1060~1160
1160~1260
1260~1360
1360~1460
1460~1560
1560~1660
1660~1760
1760~1860
1860~1960
1960~2060
2060~2160
2160~2240

图 8-3 金佛山台地地貌圈层式特征

二、乡村社区和自然保护地的关系

1. 自然保护地管理有利于乡村社区安全

金佛山自然保护地地处山区，存在地质灾害隐患等现实情况，客观上对乡村社区构成了一定的安全威胁。自然保护地由于其突出的资源价值与影响

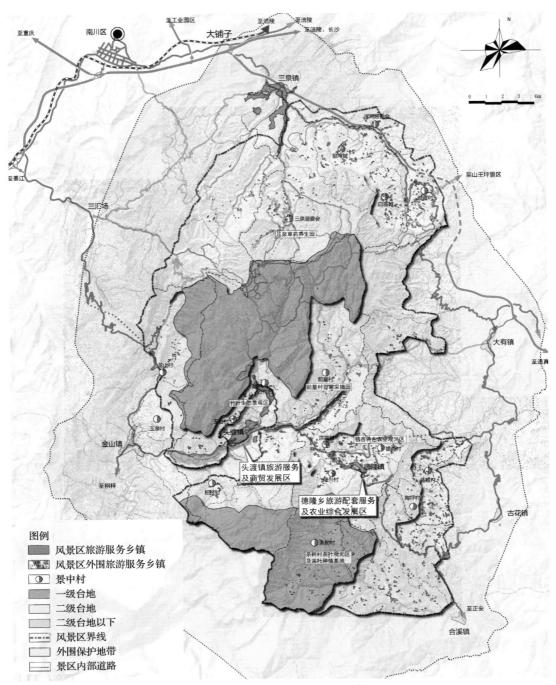

图8-4 金佛山乡村居民点分布圈层式特征

力，多年来逐渐形成了一套稳定有序的、基于风景区等保护地协同管理的体制机制，有能力组织相关部门通过人工手段干预排除地质灾害隐患对居民点的威胁。对分布在地质灾害区或受民生工程建设影响的乡村社区，以及在土地利用总体规划里没有安排居民集中安置点的乡村社区，能够统筹居民人口向所在镇区、居民安置点转移。

2. 区域乡村社区给保护管理带来较大压力

金佛山自然保护地及周边地区存在较大规模的居民点。以金佛山风景区为研究对象，环金佛山中低山区域主要涉及1个街道、5个镇，23个行政村（社区）。据粗略统计，现状风景区范围内总人口约为33000人，人口密度为76人/km²（表8-1）。

风景区与其中的三泉镇、金山镇和德隆镇3个乡镇关系最为密切，德隆镇完全位于风景区范围内，三泉镇与金山镇的镇政府位于风景区范围内，此外头渡镇、大有镇和合溪镇有部分用地位于风景区范围内。

金佛山风景区人口状况统计分析表　　　　　　表8-1

乡镇名称	行政村和社区	人口数/人	风景区内人口/人	
三泉镇	三泉居委会	5087	1500	8825
	观音村	2505	1320	
	半河居委会	3482	3291	
	白庙村	1270	1270	
	窑湾村	1444	1444	
金山镇	龙山村	1298	1298	1648
	玉泉村	3051	350	
头渡镇	方竹村	1962	580	7178
	玉台村	3914	2080	
	前星村	2240	2240	
	柏枝村	3088	2278	
大有镇	水源村	3818	0	400
	拇指村	2790	400	
	大堡村	3577	0	
德隆镇	德隆集镇	1200	1200	10484
	隆兴村	2717	2717	

续表

乡镇名称	行政村和社区	人口数/人	风景区内人口/人	
德隆镇	银杏村	1586	1586	10484
	洪湖村	1334	1334	
	茶树村	957	957	
	马鞍村	1201	1201	
	陶坪村	1489	1489	
合溪镇	广福村	2033	2033	4465
	凤门村	3310	2432	
总计		55353	33000	

3. 资源保护与居民生产生活存在一定矛盾

当地乡村社区居民缺乏对自然保护地价值的认识，保护意识不强，对保护的方式和方法缺乏了解，对自然保护地的保护和管理参与程度低，给自然保护地的生态、风景资源的保护、利用与管理等带来较大的压力。主要体现在以下四个方面：一是部分村庄建设用地选址未能考虑自然景观保护要求，村庄建设不合理，导致风貌参差不齐，影响自然景观。二是农业生产结构单一，对自然环境依赖性强。自然保护地内有成片的金佛山方竹林和大量的药用植物分布，采摘方竹笋和中草药已经成为周边居民重要的收入来源之一。随着社会经济的发展，市场对方竹笋和药用动植物的需求日益增加，使得自然保护地内人类活动的强度增大，给自然保护地的保护增加了一定的压力。三是由于缺乏对野生动植物资源的保护意识和对相应法律的了解，以及缺乏对珍稀濒危、孑遗植物的认识，偷猎、盗伐等现象还时有发生。在进行农业生产活动时对珍稀物种造成破坏。四是随着社会经济的快速发展，受外来文化的冲击，自然保护地内的民族传统正在发生变迁，给人文景观的保护和延续带来一定挑战。

4. 自然保护地旅游对乡村发展带动不足

（1）环金佛山产业发展结构仍较为单一，旅游尚处于起步阶段

据统计资料，2014年南川区地区生产总值达160.5亿元，农民年人均纯收入达9827元，在重庆市处于中等水平。金佛山位于南川区南部的中山台地和低山峡谷地带，环金佛山自然保护地内人均GDP、农民人均纯收入低于南

川区平均水平。在产业结构方面，仍以第一产业为主，各乡镇主要以传统的种植业、养殖业和林业为主，种植业以水稻、玉米、红苕、烤烟、蔬菜为主，畜牧养殖业以鸡、猪、羊、牛为主，特色种植包括中药材、笋竹、反季节蔬菜等。农民增收渠道相对较窄，人均及家庭收入相对较低。农业产业结构单一，存在较强的同质性，农业总产值、乡镇财政收入在南川区排名靠后。第二产业方面，周边乡镇工业规模和总量较小，以资源输出为主。第三产业处于起步阶段，尚未创造出相应的社会和经济效益，旅游业以及为旅游服务的相关产业都还处于比较初步的发展阶段和较低的发展水平，质和量均有待提高。第二产业、第三产业产值占 GDP 比率低于南川区平均水平（表8-2）。

金佛山风景区主导产业统计分析表　　　　表8-2

乡镇名称	行政村和社区	主导产业
三泉镇	三泉居委会	药材
	观音村	种苗、烟叶
	半河居委会	优质稻
	白庙村	优质稻
	窑湾村	山羊养殖
金山镇	龙山村	种植业
	玉泉村	铝矿、药材
头渡镇	方竹村	竹笋
	玉台村	烟叶、竹笋
	前星村	药材
	柏枝村	烟叶、竹笋
大有镇	水源村	竹笋、药材
	拇指村	竹笋、烟叶
	大堡村	竹笋、烟叶
德隆镇	德隆集镇	竹笋、果蔬
	隆兴村	竹笋
	银杏村	果蔬、银杏
	洪湖村	竹笋
	茶树村	茶叶
	马鞍村	烟叶、药材
	陶坪村	烟叶、药材
合溪镇	广福村	烟叶、药材
	风门村	烟叶、药材

（2）自然保护地旅游发展对周边村庄发展的带动不均衡

自然保护地的旅游发展一定程度上促进了自然保护地及周边乡村社区的旅游参与，有条件的村民逐渐开办起农家乐，但总体上乡村生态旅游发展缓慢。受区位条件的影响，自然保护地旅游发展给不同乡村社区带来的效益不同，自然保护地内不同乡村收入差异较大。另外，由于基础设施建设比较落后，内部道路系统尚不成熟，不同景区存在交通可达性差异，放大了区位的影响，加剧了环金佛山区域各乡村社区旅游发展的不平衡。目前，游客主要从北、西两个入口进入金佛山，南入口的公路为简易公路，通行能力极差，尚无东部入口（图8-5）。

5. 自然保护地村庄参与机制仍需完善

金佛山的乡村社区居民参与式管理处于初级阶段，表现在以下几个方面：其一，当地居民未能参与到当地各类自然保护地的保护规划编制实施以及旅游发展决策工作中来。其二，随着金佛山知名度提高，外来资本逐渐进入，许多外地人前来租房并改造房屋从事经营活动，占据了发展先机，压缩了本地居民的发展空间，导致部分自然保护地乡村社区的自养能力较弱，本地居民的发展难以得到保障，这直接影响到自然保护地居民保护资源的主动性和积极性，体现为乡村社区与自然保护地的共管项目比较少，资金投入不足。

三、"协同发展"规划的思路和策略

金佛山各类自然保护地的核心地区虽在一级台地上，但并不是孤立的，它们与乡村社区息息相关，其缓冲地区（二级台地），甚至更外围的环金佛山区域的乡村社区发展，都影响着自然保护地的保护和管理。因此应着眼于区域统筹视角，全局谋划自然保护地与乡村社区发展的协同，在保护自然生态环境的前提下，支持自然保护地及周边乡村社区和谐、平衡发展，实现乡村社区共同繁荣。区域统筹视角下的自然保护地保护与乡村社区可持续发展协同的主要措施，包括以下几个方面：

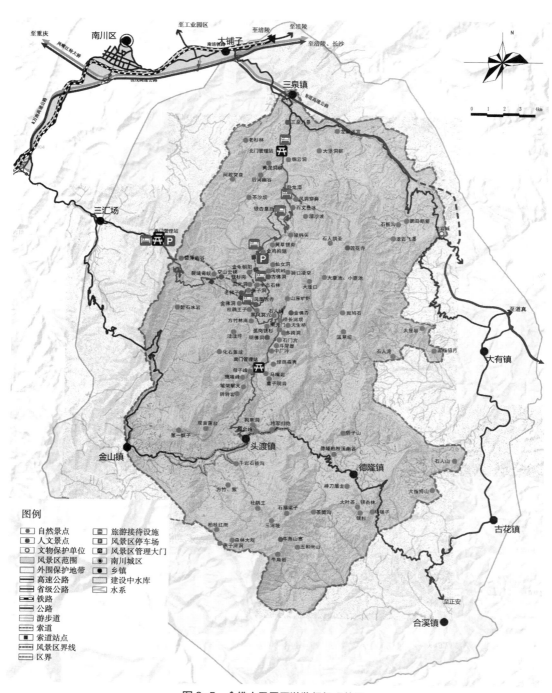

图 8-5 金佛山风景区游览组织现状图

1. 依据自然地理特征，制定"内刚外柔"的保护策略

结合三层台塬地貌确定圈层保护格局，既能使管理可识别，也能在保护自然保护地资源价值的基础上，形成合理的管控梯度，为解决金佛山总体保护、乡村社区建设管理、设施布局和游线组织等关键问题提供基础。

（1）通过风景区规划统筹落实三级台地的总体保护要求

分级保护规划以金佛山喀斯特台塬空间结构特征为基础，侧重金佛山风景区管理和空间布局的整体性，对应三级台地，将风景区划分成一级、二级和三级保护区三个保护区划层次，总体呈现圈层保护结构特征。

一级保护区主要在一级台地以上，是风景区内生态环境最优良的地区，是以生态保护为主、不开展游览活动的区域。二级保护区在金佛山风景区二级台地以上、除一级保护区以外的区域，是风景资源集中分布、主要开展游览活动的区域。它与一级保护区山体同脉相连，对风景区的风景游赏、整体景观环境有重要影响。三级保护区在风景区二级台地以下，是风景区内旅游活动、居民、村镇建设、农田较多的区域，包含了功能分区中的风景培育区、旅游服务区和乡村发展协调区。

通过规划，对三个分区层次实施分级控制，并对一级保护区实施重点保护控制。其中，一级保护区（核心景区）是风景区内严格禁止建设范围，二级保护区是严格限制建设范围，三级保护区是控制建设范围。据此，形成了资源保护与乡村社区发展协调的总体空间布局与管理基础。

（2）严控二级台地以上区域村庄规模，有序向二级台地以下疏解

为了严格控制人口规模，缓解人口压力，改善自然保护地及周边乡村社区的生活水平，保证自然保护地及周边地区乡村社区发展与自然环境协调发展，需对居民点进行科学合理的调控。

总体上，中山二级台地以上区域的乡村社区实行居民缩减控制的措施；对受景观环境和游览影响较大的村庄，或受重大水利工程建设影响的水库淹没区及水源保护地居民进行生态疏解；二级台地以下及外围地区，可依托周边城镇或重点居民安置点（如三泉镇区、天星小镇、头渡镇区、窑湾村、三泉居委会）安置疏解村民。这类居民点作为风景区的重点旅游服务基地或居民安置点，村镇建设应与风景区的旅游服务相结合，发展农家接待点，节约

用地并加强风貌建设,改善基础设施,实现区域内设施共享,提高居民生活水平,同时有效减少自然保护地内的大规模建设,缓解自然保护地的保护管理压力(图8-6)。

(3)统筹自然遗产地的保护管理要求,强化对乡村社区的规划管控

对于金佛山一级台地以上的区域,区内乡村社区在遵循风景名胜区、自然保护区管控要求的基础上,还应符合金佛山喀斯特世界自然遗产地的保护管理要求。

规划统筹并落实遗产地内部严格保护区、遗产展示区和社区协调发展区的保护管理要求。其中,社区协调发展区主要分布于峰丛洼地和峰丛峡谷两侧地势较平缓的区域,受传统农业影响较大,但地貌典型、地质过程清晰,是金佛山喀斯特风景整体环境的重要组成部分。规划要求该区域除建设必要的风景保护和旅游服务设施外,严格限制其他工程建设;严格控制区内临时居住点人口规模和建设规模,保持传统风貌;区内需要建设的重要工程设施和旅游服务设施等必须纳入规划管理,并符合国家风景名胜区的相关审批规定;区内加强卫生管理,将垃圾转运至山下,对污水、污物进行环保处理。

2. 开展"圈层"内外双环联动游览,普惠乡村社区发展

受台地绝壁和资源分布的影响,金佛山适宜开展分坡分区游览,应在巩固山顶核心资源观光游赏的基础上,重点加强金佛山外围环线和上下台地的交通组织,消减地形限制与区位差异,通过旅游空间的均衡拓展和联动,带动自然保护地及周边地区乡村社区发展的均好性。

(1)上下联动,加强山顶资源辐射,带动低山旅游与村庄发展

在北坡、西坡、南坡、东坡、前星峡谷开辟5条上下连线游线。5条游线形成不同主题,增加游览体验的丰富性。构建多进多出、快慢结合,车行、索道、步行多种交通方式组合的交通体系,实现一二级台地之间的上下联动,加强遗产地一级台地与周边乡村社区的可达性。

(2)低山环线,串联沟谷田园资源,促进低山旅游互联互通

低山环线串联二级台塬及以下的浅山谷地,在自然保护地外围形成车行游览线。通过低山环线可以促进山下一体化,加强金佛山自然保护地各入口

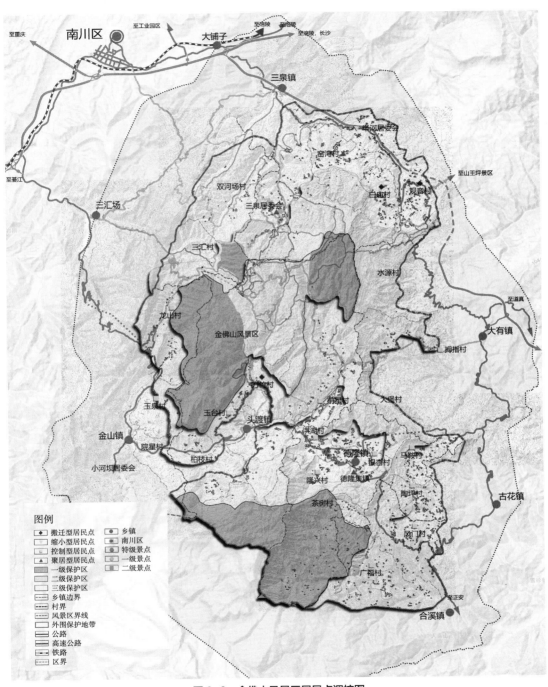

图 8-6　金佛山风景区居民点调控图

之间的相互联系，便于金佛山旅游组织和游客分流；同时，可以串联低山良好的自然山谷、溪流等自然环境，开展生态游览、徒步穿越、野外宿营、山地自行车骑行、攀岩等多种户外山地运动，丰富低山游览体验；此外，低山环线能够整合田园、水系和村庄，通过加强果木植物、药用植物的栽培，组织丰富的农业体验活动，带动沿线村庄农旅结合与产业发展（图8-7）。

3. 统筹"圈层"内外，形成"内优外全"的乡村产业发展格局

针对金佛山自然保护地各乡镇的地理条件和特色优势，规划提出应在保护核心资源的基础上，倡导乡村社区改变其单一的传统农业经济，引导其发展以第三产业为主导的多元化经济产业模式，带动乡村旅游发展和村镇建设，走可持续发展之路。对于入口镇区、环线乡镇和山区村庄，依据资源特点和管控强度，实行差异化发展。

（1）山区村庄——乡村精品旅游及特色农业

以特色田园观光、生态农业种植、特色林果业发展为重点，结合居民点调控和退耕还林、退耕还草工作，调整农、林业结构，同时结合地形地貌特点，发展山地立体农业，以适应风景保护和经济发展的需要。鼓励和引导自然保护地及周边乡村社区发展生态农业和观光农业，通过发展庭院经济、特色种（养）殖业、传统手工业、家庭旅游服务业等脱贫致富。

（2）入口镇区——旅游服务基地及旅游特色商贸区

重点发展金佛山北坡、西坡、南坡的入口镇区，即三泉、汇星、头渡三个风景区主要入口镇区。这些小镇可以旅游服务基地为主要功能，以经营宾馆饭店、餐饮娱乐、商贸业等旅游服务业为主，全面提高旅游服务水平，作为展示金佛山旅游形象的窗口；同时利用较好的用地条件和基础设施，积极发展食品加工业，引导和鼓励个体、民营企业利用金佛山丰富的资源条件，开发方竹、茶叶、中草药、蜂蜜、白果、菌类、土鸡、矿泉水等具有地方特色的食品工业，创出品牌。还可以大力发展旅游工艺品加工企业及传统手工业，生产多样化的、具有地方风情的旅游商品。

（3）环线乡镇——旅游配套产业及农业综合发展区

金佛山大环线沿线的重点乡镇区，即德隆镇、金山镇、大有镇、古花镇、

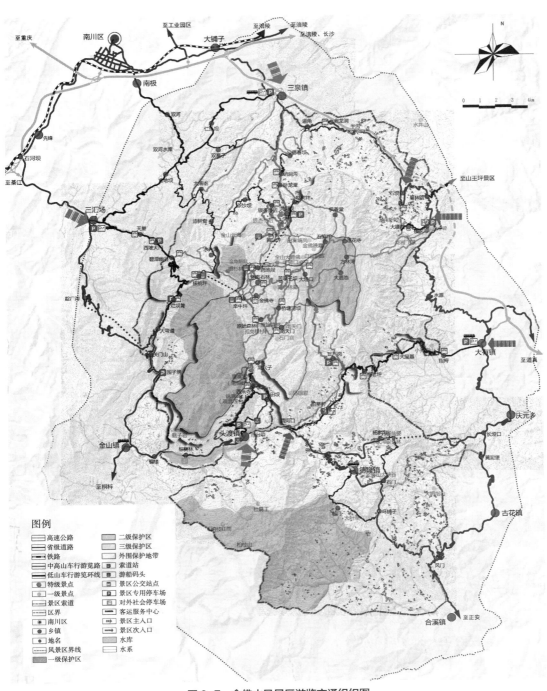

图 8-7　金佛山风景区游览交通组织图

半河居委会和合溪镇，可以发展与旅游服务配套的餐饮娱乐、农副产品加工、休闲度假等产业，作为金佛山旅游服务的后备补充，特别是大有镇借助便利的交通优势，可结合东部次入口的风景游赏，适宜开展休闲、度假等综合旅游配套设施建设；也可以充分发挥区位优势，发展休闲观光农业、生态农业等，同时带动蔬菜、方竹、烤烟、家禽、畜牧业养殖等相关产业发展，形成农业与旅游综合发展区。

4. 建立环山区域乡村社区利益共享机制

（1）加强自然保护地村庄参与

一方面，管理机构必须加强与周边乡村社区居民的合作，增加宣传、教育及培训的投入，开展环境友好的乡村社区共管项目，提高周边乡村社区居民参与资源保护的积极性；加强对青少年的教育，强化乡村社区居民保护和传承传统文化的意识，使居民由资源的使用者转变为资源的守护者。

另一方面，管理机构应完善相关措施，确保当地居民的生活方式、文化和传统活动受到尊重，鼓励居民积极维护乡村社区的传统活动，实施村民自治，建立村规民约，并在其中融合资源保护内容，包括鼓励村民加入自然保护地保护管理巡逻队等。

（2）推进自然保护地利益共享

管理机构应在加强地方乡村社区能力建设的同时，增加乡村社区居民的就业岗位，雇用当地居民作护林员、旅游服务人员等。在自然保护地保护管理和旅游服务工作招聘时优先考虑当地居民，增加乡村社区居民就业机会。同时应鼓励自然保护地内的居民按照法律法规规定，将自身所拥有的资源以入股的方式用于自然保护地的旅游经营。鼓励并优先考虑自然保护地内居民直接从事旅游服务，但必须通过特许经营等方式对经营地点、数量、规模与性质进行一定限制，达到互利共赢的效果。

此外，应结合自然保护地的自身状况适当提高生态公益林补助标准。建立自然保护地生态补偿制度和转移支付制度，补偿局部区域居民因保护资源而不能开展旅游经济活动和发展其他产业所带来的损失。

第九章
可可西里——高海拔牧业地区"协同发展"规划实践

一、现状概况

1. 自然保护地现状

  青海可可西里地处青藏高原西北部，昆仑山南麓、唐古拉山以北地区，地势高，平均海拔在 4500m 以上，气候严寒，空气稀薄，生态脆弱。青海可可西里国家级自然保护区是世界上原始生态环境保存较好的自然保护区，也是中国建成的面积最大、海拔最高、野生动植物资源最为丰富的自然保护区之一。主要保护对象包括藏羚羊（图 9-1）、野牦牛、藏野驴、藏原羚等珍稀野生动物，藓状雪灵芝、四裂红景天等植物及其栖息环境。自然保护区内有高等植物 210 余种，其中青藏高原特有种 84 种，垫状植物资源尤为丰富，占全世界种类的 1/3。野生动物种群密度大，数量多，有哺乳动物 23 种、鸟类 48 种、爬行动物 6 种，其中国家一级保护动物 7 种，青藏高原特有种 35 种。自然保护区内特有的生物种类不仅是我国的珍稀物种，也为世界瞩目，在学术研究和自然保护层面都具有重要地位和价值。[①]

  本规划研究的范围——青海可可西里国家级自然保护区以及周边的部分区域，是三江源国家公园的重要组成部分，也是青海可可西里世界自然遗产地核心区，总面积约 450 万 hm²。作为可可西里世界自然遗产地核心区，规划研究范围内（以下简称"保护区"或"规划区"）还具有典型的自然景观等方面的资源和价值。

[①] 青海省人民政府网，http://www.qh.gov.cn/dmqh/system/2013/11/26/010087720.shtml.

图 9-1　藏羚羊
图片来源：李泽提供

2. 乡村社区发展现状

（1）历史与综合现状

虽然可可西里被称为"无人区"，但是仍有一些牧民生产生活的历史记载。中华人民共和国成立以来，生活在可可西里的牧民情况大致如下：20 世纪 50 年代，在通天河一带放牧的牧民被组织为青海省唐古拉山镇，这部分牧民在保护区东南部、青藏公路两侧地区放牧，放牧中心在乌丽、沱沱河沿一带，最北在二道沟一带。20 世纪 60 年代，部分牧民从青海省治多县、曲麻莱县东部向西迁移，到可可西里保护区东部放牧。1965 年西藏那曲地区发生严重雪灾，部分受灾牧民被允许进入青海境内避难，并生活至今。其活动区域在保护区西南部、南部，放牧中心在雁石坪镇一带，北至乌兰乌拉山。根据 2016 年的调查数据，生活在规划区及其周边的居民总计 257 户 1141 人，大致可分为东部社区、东南部社区和南部社区。

目前在可可西里范围内生活的青海牧民活动范围稳定，没有向规划区内进一步扩展。西藏牧民 2000 年后普遍在冬季草场开始修建定居房屋，但仍保持着传统大范围游牧的放牧方式。近年来有跨越自然保护区边界向北移动的趋势，西金乌兰湖周围已有较多牧户。牧民季节性利用草地的北界已到达可可西里山北麓，给保护区保护带来较大的现实和潜在威胁。

（2）乡村社区发展现状

牧业型乡村社区是可可西里乡村社区的主体，收入水平相对较低（表9-1）。

东部涉及社区基本情况一览表　　　　　　表9-1

乡镇	行政村	总户数/户	总人口/人	劳动力/人	人均纯收入/元
曲麻河乡	昂拉村	1363	4461	477	7944
	措池村	272	892	368	10578
	多秀村	320	946	602	8494
	勒池村	297	1149	446	8273
索加乡	当曲村	515	1519	741	2380
	莫曲村	490	1581	716	2380
	牙曲村	757	2157	1001	2380
	君曲村	410	1399	673	2380

牧业型乡村社区居民在生产生活方式上，大多以定居和游牧相结合，冬季在聚居点居住的牧民，夏季多转至草场进行游牧生产。老人和儿童逐渐向定居点聚集，聚居点内老人和儿童人口比例较高，青壮年人口比例较低。乡村社区的产业和收入结构单一，主要来源为国家补助和畜牧业收入。当地乡村牧业社区居民普遍形成了融合习俗文化的村规民约，一些群众还自发组建了诸如社区环境保护协会、动物保护小组等团体组织，对自然生态保护产生了较为积极影响。同时，以牧业合作社为主要形式的专业合作迅速发展，成为牧民增加收入和提高生产效率的重要途径。

二、自然保护地和乡村社区的相互影响

1. 乡村社区有保护自然的传统

青藏高原重要的生态地位和脆弱的生态环境使当地藏族群众形成了保护自然环境、爱惜自然资源，崇敬自然、尊重生命的生态思想，也构建了人与自然和谐发展和相互依存的人文自然生态理念，在自然资源开发和环境保护

上更加注重保护自然。

藏族地区保留着以神山圣水为代表的传统自然崇拜和自然禁忌，神山圣水覆盖了相当大的面积，人为活动受到严格限制，打破神山圣水禁忌的行为会同时受到物质处罚和社区的谴责。藏族传统文化和高原特殊环境下的生活，使藏族群众物质需求较低，他们对环境索取少，不主动伤害野生动物，通过季节性移动可持续地利用草地，禁止一切破坏草地的行为。同时，他们也总结了相当丰富的生态知识。

以这样的传统文化为基础，藏区居民对参与保护活动态度非常积极，并自发开展了很多环境保护活动。在规划区东部曲麻河乡措池村，当地牧民认为有野生动物的环境才是健康的，而放牧活动和围栏影响了野牦牛等野生动物的生存。2002 年，12 名当地牧民组成了生态小组，自发让出一片牧场，拆除围栏，留给野牦牛作栖息地。2004 年，生态小组发展为"野牦牛守望者"协会，持续深入地开展保护工作。

2. 乡村社区在自然保护中发挥着重要作用

在当地政府、管理机构和民间公益组织的引导下，当前涉及牧民较多的区域率先开展了社区协议保护工作。2006 年起，保护区引入了社区参与的协议保护方式，由社区与保护区、非政府组织签订保护协议。根据协议，社区在其范围内有开展保护行动的权力，需履行保护义务。协议保护选择在保护基础较好的措池村进行试点。

协议保护希望在当地保护野生动物栖息地，恢复种群，改善生态系统功能，建立监测体系，提升村民保护和管理自然资源的能力。保护区管理局和非政府组织为社区提供资金支持、保护规划，进行技能培训，并对保护成果进行监督评估。社区需要制订有效的管理和保护制度，牧民需要参与巡护、监测工作，在遇到盗猎、盗采、挖沙、非法采矿等情况时有权力和义务制止上述行为并进行上报。工作优秀的牧民在年底会得到一定奖金。

保护协议签订后，村民都积极参与到保护工作中，在生物多样性保护和社区建设、社区公共事务管理等方面都取得了明显成效。2010 年，在第一期项目结束后，按照"有无广泛认可的村协议保护制度，保护制度有无独立的

监督者，有无规范的执行记录，有无规范的巡护监测记录，有无定期的巡护
监测和保护情况报告，重要栖息地的保护有无得到改善"等标准进行评估。
措池村的协议保护顺利通过验收后启动了第二期，并将协议保护扩展到索加
乡和曲麻河乡的其他乡村社区。在国家公园保护管理层面，2017年三江源国
家公园试点以来，逐渐建立起了社区生态管护员制度，通过资金补偿等方式
逐渐探索出了一条相对完善的社区参与路径。

3. 放牧活动对自然生态保护造成威胁

可可西里虽然海拔较高，草地生产力较低，但由于人口密度小，户均草
场面积大，所以牧民放牧对草场的压力不大。多项利用遥感工具进行的研究
都表明，规划区内草地变化不大或在变好，这与访谈中牧民的认知一致。同时，
大多数牧民也认为草场够用。因此，除部分区域存在由过度放牧造成的草场
退化、土地沙化现象，需要进行恢复外，牧民活动与草地保护的矛盾在规划
区内不大。

但是，野生动物是可可西里保护区的主要保护对象，而多项研究指出，
规划区内的主要野生动物受到人为活动的较大影响。区域内大部分牧民以放
牧为唯一生活来源，牧民的牧场占据了规划区内部分区域。尤其是西藏牧民
越界进入规划区内居住放牧的情况比较严重，给生态环境和野生动物的正常
生存造成了较大的威胁。家牦牛、家羊与藏羚羊、藏野驴和野牦牛的食物重
叠程度很高，过多的家畜会跟野生动物竞争食物来源，造成野生动物栖息地
破碎化乃至丧失。

从野生动物分布上看，在治多和曲麻莱县东部等生境条件较好的地区，
人类活动强度中等或高，藏羚羊、藏野驴和藏原羚数量极少；在4700~5200m
生境条件相对较差的高海拔地区，藏羚羊和藏野驴的数量比人类活动强度中
等地区多。高原有蹄类动物的数量与人为活动强度明显呈反比。[①] 在对可可
西里保护区工作人员的访谈中，也有资深工作人员认为，在保护区的东部、
南部区域，藏羚羊在20世纪90年代较为常见，在滩地就可以见到大群。但

---

① FOX J L, BARDSEN B-J. 西藏羌塘自然保护区与人类活动有关的藏羚、藏野驴和藏原羚密度［J］. 动物
　学报，2005（4）：586–597.

随着牧民放牧范围扩大，现在在滩地上已经很难见到藏羚羊，很多藏羚羊转而在几条人类活动较少的山谷活动。

从野生动物和家畜的数量上看，根据估计，规划区内藏羚羊数量约为3万只，野牦牛数量约为1万头。规划区内牧民数量不多，但牧户总牦牛数量约为1.5万头，总绵羊数量约为4万只，均超出野生动物数量。在当前牧民活动导致野生动物分布区域缩减的情况下，近年来气候变化也导致草场的承载力逐年下降，使得牧民希望通过扩大放牧区域和增加畜牧量来维持收入，造成了牧业生产和野生动物保护之间的冲突，形成恶性循环。综上，规划区内牧民不多但放牧影响较大，放牧活动一定程度上影响了草场质量，影响野生动物的分布区域，对生态环境也有着一定的破坏。面对生态脆弱的高寒草原生态系统，需要针对牧民的放牧活动进行监测和严格有效的管理，避免对生态环境的进一步破坏。

4. 人兽冲突对野生动物保护带来挑战

人与野生动物的冲突是当地牧民生产、生活和生命安全的重大威胁，也是野生动物保护工作面临的重大挑战。部分牧民的固定房屋遭到过棕熊的破坏。在繁殖季节雄性野牦牛会进入家畜群，带走母畜，使野牦牛种群基因遭受污染，并有攻击人的现象。此外，狼对家畜的捕食在局部地区也较为严重。由于经常面临野生动物带来的经济损失甚至人身伤害，牧民可能会在一定程度上敌视野生动物，抵制保护政策，进而影响规划区保护工作的开展。[1] 因此，需制订切实有效的缓解措施和补偿机制，促进人与野生动物和谐共处。

三、"协同发展"规划的思路和策略

青海可可西里社区属高海拔牧业社区，生态环境较为脆弱，乡村社区牧民的生产方式较为单一。考虑到现实中仍存在放牧范围向规划区内扩展的情况，且放牧活动对野生动物具有较大影响，对规划区的放牧应进行严格限制。

---

[1] 闫京艳，张毓，蔡振媛，等. 三江源人兽冲突现状分析［J］. 兽类学报，2019，39（4）：476–484.

同时，考虑到规划区内大多牧户放牧时间已在 50 年以上，可视为原住居民；大部分牧户在自然保护区成立前，就已经开展放牧活动，且在草场承包中获得了国家发放的草原证，具有合法的草场使用权；受传统文化和保护宣传影响，社区牧民普遍珍视自然和家乡，参与保护行动的积极性较高；规划区内并未出现大范围的因不合理放牧造成的草原退化现象，在制定规划措施时，应尊重牧户的放牧权，牧户可以自主选择是否继续从事畜牧业，但对于牧业范围、牲畜数量应进行严格的规定和控制。

在 28 户受访牧民中，23 户的未来发展计划是继续放牧，1 户计划放牧和经商兼顾，4 户考虑移民到城镇。对于"如果有其他收入来源弥补放牧收入，是否愿意放弃放牧"的问题，有 7 户表示愿意放弃放牧，19 户表示不愿意。不愿放弃放牧的理由主要是放牧是传统的生计方式，除放牧外没有其他技能，不希望在城镇中无所事事。28 户牧民中，有 3 户没有房屋，有 7 户因房屋被棕熊严重破坏而不再使用房屋。此外，牧民对供电、防熊、供水、通信等基础设施改善需求强烈。通过调查访问可以了解到社区牧民普遍不愿彻底改变传统的生产生活方式，但对自身生活设施条件的改善有很高的诉求。

综合以上现实情况，规划通过减轻牧业影响、强化社区参与、优化社区产业、改善人居环境等方面的规划措施，最小化乡村社区对生态环境的影响，提升社区居民福祉，促进自然保护地和乡村社区的协同发展。

1. 降低牧业生产活动对生态环境的负面影响

（1）制定监测计划，将资源承载力作为牧业政策制订的首要依据

规划区内主要的资源利用产业为畜牧业，对资源环境承载力监测的项目为草地载畜量（表 9-2）。规划通过监测规划区内草地载畜量，获取相应数据，配合生态环境和生态系统监测的内容（表 9-3），得到草地资源承载力，并判断是否有超出承载力的情况。[①]规划建立规范化、长效化的信息收集汇总机制，为制定牧业社区可持续生计方案、环境整治和生态修复方案等提供依据。

在开展监测的基础上，规划将建立适应性动态管理平台，及时优化分区

① 三江源国家公园管理局，等. 三江源国家公园生态保护专项规划［EB/OL］.［2021-10-01］. http://sjy.qinghai.gov.cn/article/detail/5857/.

草地载畜量监测内容　　　　　　　　　表9-2

监测内容	监测指标	监测方法
草地产草量、牧业活动情况、野生有蹄类动物种群数量	草地类型及其分布、草地产草量，牧民定居点和放牧点数量、牧民人口和收入变化、各区域草地的家畜的种类和数量、草场围栏分布和变动状况、放牧天数，有蹄类动物的种类、数量和密度	草地相关监测可结合高寒草原与高寒草甸监测进行，有蹄类动物相关监测可结合物种多样性监测进行，牧业活动情况主要通过访谈调查了解

监测体系一览表　　　　　　　　　　表9-3

监测类别	监测指标	主要监测方法
环境监测	气象、环境空气质量、水文、水质、地下水、土壤环境质量、水土保持、冻土和雪山冰川等	人工监测、遥感监测
生态系统与生物多样性监测	高寒草原和高寒草甸生态系统、森林生态系统、湿地生态系统、野生动物多样性	人工监测、遥感监测、无人机监测、定点摄像头监测
自然灾害与生态退化防控监测	气象、水文、地质灾害与沙化地、"黑土滩"	人工监测、遥感监测
资源环境承载力相关监测	草地载畜量、旅游环境容量	人工监测、遥感监测、访谈调查

管控，调整野外巡护等方面的保护措施在不同分区的投入比例，同时针对气候变化对野生动植物、生态系统可能产生的影响开展减缓措施预研。

（2）开展划界定牧，强化分区管控

在规划区内放牧是影响保护对象的重要因素，包括青海本地牧民放牧和西藏牧民越界放牧问题。其中，西藏牧民由于缺乏草场确权，依旧遵循传统的游牧模式，加之管理机构不掌握准确情况，给保护带来较大的现实和潜在威胁，是造成保护成效较为不稳定的一个重要因素。对于牧民放牧影响栖息地的问题，规划提出需要对保护区南部跨省的越界放牧情况进行调查，针对越界牧民的情况开展省级政府间的协商，制订西藏牧民外迁的工作计划，并分步实施；对本地草场进行确权，开展划界定牧工作，将越界的牧民回迁至本乡镇行政辖区牧场放牧，对分配牧场质量不佳或面积受限的牧户给予差异性补偿。

管理分区是依据保护对象的价值、重要性、敏感度、濒危度和社区利用的必要性，以及保护对象的性状、分布和可能干扰程度，划分的具有不同保护管理目标的区域。规划在规划区内划分出展示区、荒野区、基础设施管理区、社区发展协调区四类管理分区，将每类管理分区的管控内容作为未来开展巡护执法、规划许可、准入许可的基本依据。分区的管理目标是逐步禁止生产经营性放牧，逐渐将牧民生产活动对规划区的影响降到最低。同时，使区域内高寒草原草甸、野生动植物等遗产价值要素得到恢复和保护。

社区发展协调区是规划区内青藏公路以东、当地牧民传统的生活区域，有一定数量的野生动物分布。该区域是放牧等生产活动和保护工作矛盾较为集中的区域，生境状态受到不同程度的干扰。为实现分区的管理目标，社区发展协调区重点的管理活动包括结合当地的文化传统开展规划区的保护与展示活动；严格禁止外来牧民迁入该区域，对现状牧场范围和放牧活动进行严格管控，对牧民的单位牲畜量进行计算和控制。

（3）推广牧业合作社，促进畜牧业可持续发展

作为与众多野生动物同域生活的、以牧业为主的乡村社区，与规划区内社区相关的法规政策也主要与生态保护和畜牧业发展相关。规划区内的社区放牧形式经历了从人民公社到承包到户的转变。2010 年起，针对单户放牧实践中存在的问题，青海省启动生态畜牧业建设，鼓励牧民组织建立生态畜牧业合作社。利用牧业合作社，一方面，可以根据合作社的章程规定和整体规划将单户超载放牧的比例降低，同时合作社将中小规模牧户组织起来共同经营，可以降低为防范未知风险和维持家庭收支平衡的超载行为；另一方面，利用合作社可以充分考虑不同规模牧户间草畜平衡奖励机制的差异性，使减畜与补偿相对等，调动广大中小牧户保护草原生态系统的积极性。[①]

在气候变化的背景下，高寒草原生态系统的生态脆弱性显著增加，因此对牧业生态的监测和有效管理是避免生态进一步被破坏的必要举措。由于当地牧民缺乏必要的可持续牧业技术，因此未来要降低牧业发展对规划区的影响，还应从可持续牧业入手。规划在乡村社区内持续积极推广牧业合作社，形成大规模、跨区域的轮牧机制，降低分散放牧对草场的影响，提升居民的抗风险能力和收入水平。规划系统整理了当地牧民的传统生态知识和传统放

---

① 陈磊，郑舒婷，刘益凡. 对我国草牧业合作社发展的现状分析及对策研究［J］. 甘肃广播电视大学学报，2017，27（1）：71–74.

牧知识，将其与现代畜牧业知识相结合。需对牧民展开培训，通过改变放牧技术减少对生态环境的影响。规划同时提出需要对牧场进行精确划定，对局部草场进行封育改良。

在牧业标准设定上，考虑到高海拔地区的现实情况，规划提出在乡村社区内建立高原生态畜牧业标准，并生产符合标准的高附加值生态畜牧业产品。生态畜牧业标准应考虑草畜平衡、放牧管理方式、产品质量、资源能源消耗、收益分配公平、碳排放等多个方面，在促进当地牧业可持续发展的同时，成为一种可以向相邻地区推广的生产标准体系。

（4）对草场退化区域积极开展生态修复

对放牧造成的草场退化区域，青藏公路、青藏铁路基础设施修建造成的土坑沙化区域，发生过盗采矿后生境被破坏的区域，规划提出应积极开展生态修复工作，从而有效控制沙化土地扩张，提高沙化土地的植被覆盖率，改善生态环境状况（图9-2）。

规划还提出应加强对草原、荒漠的生态保护，开展封沙育草、退牧还草，落实草原禁牧轮牧措施。在整个封育期内采用人工管护的方法，加强对人畜

图9-2　对退化的草场积极开展生态修复

图片来源：三江源国家公园管理局提供

的管理，防止人畜进入封育区破坏植被。同时，加强人工草场建设，对黑土滩型等退化草原实施综合治理。采用直播种草固沙的方式，通过人工撒播、机械播种等方式直播固沙植物（图9-3）。选择适宜的草种，在降雨之后抢墒播种，播种后覆土并适当镇压，结合草地的生长情况，及时补种施肥，积极促进植被恢复，保证沙地的治理效果。

图9-3　社区参与人工撒播种草固沙
图片来源：三江源国家公园管理局提供

2. 提升乡村社区参与自然保护的能力

（1）开展入户宣传教育和自然环境教育课程

开展社区环境教育是提升社区保护意识、强化社区管理的重要手段。当前规划区社区已经具备了良好的环境保护传统，但是在具体的环境保护方法上尚有一定的空缺。规划提出需深入居民点和牧点定期开展入户宣传和环境教育活动，教育内容以保护区生态环境保护的原则、方法与技能为主，保护区的各项价值概述为辅。未来通过发放宣传手册、发展公众宣传员等方式强化居民的环境保护意识，使社区内形成良好的环境保护氛围。应定期进行入户宣传教育，普及可持续牧业理论方法和环境保护知识，提升牧民的保护意识，并落实在日常的生产生活中。同时，借助现有公益组织和研究机构的力量，由本地向全国逐步推行以保护区为素材的自然环境教育课程。

（2）引导并鼓励社区牧民参与保护地管理工作

在管理工作中应鼓励当地牧民进入管理机构任职，提高保护区管理部门任职人员中当地社区牧民的比例，利用其对当地自然环境的适应和对传统知识的了解支撑管理机构的工作。通过一定程度的培训教育，充分调动当地牧民和定居社区居民参与保护区展示、生态体验服务等运营工作。

应充分调动当地牧民参与野生动物保护和巡护工作，及时制止对保护区内资源的破坏行为，必要时配合当地管理部门的执法力量进行执法。规划鼓励当地牧民和定居社区居民参与保护守望活动，监督身边的破坏活动，并给予举报者以相应的奖励。同时，选取部分当地牧民和定居社区居民进行监测方面的技能培训，在平时的生产生活中对野生动物的分布、活动情况进行监测，为规划区内的科研工作提供有力支撑。

另外，规划区内的相关规划，一旦涉及相关社区，应在编制过程和重要阶段成果形成的过程中，通过正式或非正式的方式征求社区居民的意见。在充分协商达成一致意见的基础上进行规划编制，提升规划的可实施性。

3. 转产增收，提高乡村社区整体发展水平

（1）调整产业结构，增加收入来源

当前乡村社区收入主要来源于牧业生产，这也是造成当地收入水平较低的直接原因。规划通过调整产业结构，使原来仅依靠牧业的单一收入来源方式，向多元化产业和收入来源转变。在就业选择上提出适当发展特色农产品、民族手工艺品、民族文化表演、基础旅游服务等适宜的产业。

规划在生态体验项目的运营中推行特许经营制度，适宜的产业包括生态体验和环境教育服务业、文化产业和民族手工业等。对于文化产业和民族手工业，通过整合规划区内民族、民俗、宗教等文化资源以及当地政府、社区长久以来保护藏羚羊和生态环境的事迹，不断丰富其特色文化内涵，形成文学创作、美术作品、影视作品、民族手工艺品等系列文化产品，对不同文化

产品的推广运营实施特许经营，对规划区内相关的文化服务设施运营也实施特许经营。管理部门应当公平择优选择特许经营者。同等条件下，规划区内乡村社区的居民享有特许经营优先权。

同时，规划提出应充分调动社区牧民参与生态体验服务。在为规划区牧民提供就业岗位方面，制订相关制度，优先安排规划区内牧民从事导游、讲解员、随队司机等旅游服务工作。在收入分配上，除直接发放补贴外，提供必要的设备和资源支持，如摩托车、望远镜、相机、燃油补贴、个人保险等。

规划要求对参与旅游服务的商业型乡村社区和牧民进行定期服务技能培训，包括组织社区牧民参与解说工作，对牧民讲解员开展讲解技能培训；注重对传统手工技艺、传统民俗活动等非物质遗产的活态保护和传承，对多秀村等有传统手工艺制品的社区进行产品发掘，并开展手工艺品制作技能培训，依托社区开展丰富多彩、独具特色的文化活动；根据产业类型开展特色农产品制作技能培训，并逐步扩大至规划区涉及的行政村。

（2）优化完善生态岗位政策

《青海省草原生态管护员管理暂行办法》提出，在三江源草原地区每5万亩草原设置一个生态管护员岗位，草原管护员从居留在草原的牧户中选择，并优先选择已实现禁牧、草畜平衡并加入生态畜牧业经济合作组织的牧民、特困户、家庭无就业人员牧户的青壮年劳动力。三江源国家公园试点中，园区内按照"户均一岗"的标准，设置生态管护公益岗位，并积极开展法律法规和政策宣传，发现、报告并制止破坏生态的行为，监督执行禁牧和草畜平衡情况，取得了很好的效果。

通过吸收优秀经验，规划提出要优化完善生态岗位政策，全面推广生态管护员制度，坚决应对外部威胁（如反盗猎、反盗采），及时传递信息（草原防火、野生动物疫病通报），进行生态监测（各类动物数量分布监测、物候监测），监督社区内禁牧和草畜平衡执行情况，未来将逐步加大生态管护员的覆盖范围，逐步加大管护员的补助力度。

（3）优化完善生态补偿政策

在天然草地畜牧业的管理方面，规划建议通过生态补偿及草原补奖的方式控制牲畜数量。草原补奖政策将草畜平衡的各项指标逐级分解落实到乡、村及牧户。政策强调将补奖资金与牧民草原生态保护责任、效果挂钩，对履行政策的兑现补奖资金；对不履行或未全面履行的停发或相应扣减资金，待限期整改并考核合格后予以兑现。

在现有的生态补偿政策中，牧户层面得到了较多收益，而社区层面获得的资源和支持不足，这在某种程度上也限制了乡村社区组织各类自然保护活动。规划提出乡村社区应加强落实生态补偿，落实三江源国家公园、三江源生态保护工程、草场补助等相关生态补偿，适时推出进一步的补偿内容。同时，努力探索在社区、牧户层面分配自然保护收益的有效方式。

4. 优化乡村社区人居环境

（1）研究制订牧民安置计划

规划区乡村社区受多方面的环境和历史因素影响，人居环境条件有限。随着生态补偿等增加了牧民收入，牧民有搬迁至较远城镇生活的意愿。

三江源自然保护区生态保护和建设一期工程启动了生态移民工作，规划结合生态移民政策在操作中出现的牧民难以融入、适应迁入地社会环境，就业难度大，公共设施缺失等问题，提出对牧区人口和剩余劳动力的转移应以鼓励和引导为主。规划通过增加牧民收入，提升安置点住房、教育、医疗等设施的水平和可达性，鼓励牧民向乡村中心和城镇搬迁、聚集，提高牧民生活水平。同时，未来应对安置牧民的生活、工作技能进行培训，帮助其适应城镇生活，重点加强对安置点社会情况的监测和管理。

（2）提升社区基础设施建设水平和社区保障水平

规划在综合调研的基础上，根据居民聚居形态、基础设施现状、公共服务设施建设水平，综合考虑区位、交通、发展方向等因素分三类社区进行建设（表9-4）。其中一类社区中心功能突出，较二、三类社区提供的公共设施更为全面。

在基础设施方面，规划提出完善一类、二类社区的用电、饮水工程；对分散居住的牧民，统一配备相关服务设施。完善各类社区的医疗、教育、文化设施，其中一类社区作为乡镇级医疗、教育和商贸中心；二类社区围绕村委会打造中心聚居点，同时作为村级服务中心，提供必要的社区服务；三类

社区规划建设等级一览表　　　　　　　　表9-4

县	乡	行政村/聚居点	社区类型
曲麻莱县	曲麻河乡	昂拉村	一类社区
曲麻莱县	曲麻河乡	措池村	二类社区
曲麻莱县	曲麻河乡	多秀村	二类社区
曲麻莱县	曲麻河乡	勒池村	三类社区
治多县	索加乡	君曲村	一类社区
治多县	索加乡	莫曲村	二类社区
治多县	索加乡	牙曲村	三类社区
治多县	索加乡	当曲村	三类社区

社区医疗、教育、文化等社区服务就近依托所在乡的一、二类社区获取。[①]规划在基础设施建设中充分考虑社区的实际需要，为牧户建设加固门窗、墙体，难以被棕熊破坏的房屋；设防熊隔离墙或防熊电网；并建设能够抵御风灾、雪灾和食肉动物捕食的畜棚与冬季饲草料地封育设施等。

　　在社区保障方面，规划对偏远地区的牧民家庭未成年人开展十二年教育全覆盖，政府提供必要的就学补助；普及义务教育，提升牧民的受教育水平，促进其融入现代生活。此外，建议提取年生态体验服务费等收入的5%作为规划区社区牧民的生活补助或提升基础设施建设的专项资金。对于出现的人兽冲突情况，规划建立人兽冲突补偿制度，及时对在人兽冲突中受到伤害或利益损失的牧民予以资金上的补偿。

---

① 苏海红，李婧梅. 三江源国家公园体制试点中社区共建的路径研究［J］. 青海社会科学，2019（3）：109-118.

第十章
青城山——灾后重建背景下"协同发展"规划实践

一、现状概况

1. 总体概况

青城山位于四川省成都市域内，距成都市区 48km。世界闻名的都江堰水利工程自岷江出山口处与青城山、赵公山等山脉相毗连，群山起伏绵延 20 余公里。青城山的核心区域为青城山—都江堰国家级风景名胜区（以下简称"青城山"或"风景区"），是我国设立的首批国家级风景名胜区之一，总面积 151.9km²，外围保护区面积 100.05km²，主峰赵公山海拔 2434m，地跨玉堂镇、中兴镇、青城山镇、灌口镇、龙池镇五镇，并与都江堰市区紧密相连。

2. 主要保护对象和资源特征

青城山历史悠久，人文内涵深厚，是我国水利文化的集大成者和道教文化的重要发祥地；这里地貌景观丰富，奇峰、峡谷、河溪交错，素有"青城天下幽"之美誉；其生态环境优良，生物多样性丰富程度居全国前列；青城山自然景观与历史文化融合，景源类型丰富多样，体现了"幽、朴、奇、秀"的风景特色，是国家名山大川的典型代表。[①]

---

① 邓武功，宋梁，王笑时，等．城市型风景名胜区景城协调发展的规划方法：青城山—都江堰风景名胜区总体规划例证研究［J］．小城镇建设，2019，37（6）：35–40，48.

（1）主要保护对象

首先，青城山生物多样性十分突出。青城山属中亚热带湿润常绿林区。现有资料显示，都江堰市有高等植物 3284 种，隶属 263 科 1224 属。其中苔藓植物 54 科 107 属 144 种，蕨类植物 37 科 84 属 230 种，种子植物 172 科 1033 属 2910 种。[①]青城山保存了大量的植物品种，是中国乃至世界上罕见的植物种质资源宝库。青城山自古是野生动物的天堂，有陆栖脊椎动物 280 余种，且陆栖动物具有明显的过渡性。青城山还是大熊猫栖息地的重要组成部分。[②]

其次，青城山的历史文化悠久，在青城山的发展历史中，文化脉络贯穿始终。从秦以前的蜀地水文化到秦代的都江堰水文化，从东汉的道教文化到唐代的佛道之争再到佛道共存，从唐中期发展起来的边贸文化到汉藏相融，以及随着历史发展演变的地方民俗文化，都在这个区域留下了浓墨重彩的印记。[③]这些丰富的历史文化相生相承，承载于山川形胜传承至今。

此外，青城山的地质地貌景观十分丰富，青城山处于龙门山前陆冲断裂带前山中段，核心区域被东西向次级（张性）断裂切割，后期地震—降水—流水作用形成众多河谷，如青城前山、青城后山飞泉沟和五龙沟、青苔沟等。

（2）资源特征

青城山具有"幽、朴、奇、秀"的资源特征和风景特色。

幽："青城天下幽"，世所公认，名播海内外。幽远变幻的山峰峡谷，幽深清秀的河溪潭瀑，幽静原始的生态山林是其具体体现。

朴：青城山道观建筑依山傍势，从山脚逶迤而上霄顶，既进退有序，又随性自然，是道教崇尚的自然朴素的哲学思想与自然结合的绝妙产物，徜徉其中，感受到的是古朴的文化氛围与亲和的自然山林。延续两千多年的人类伟大工程都江堰同样浸透着中国古人尊重自然、利用自然的朴素思想。

奇：青城山地质地貌发育丰富，青城前山犹似太师椅，金鞭岩壁立千仞，

---

① 张琦. 山林型养生度假区资源条件发展利用研究［D］. 成都：西南交通大学，2015.
② 赵仁昌，雷林，陈福葆. 青城山旅游资源美感环境质量评价［J］. 四川环境，1996（3）：54-58.
③ 邓武功，宋梁，王笑时，等. 城市型风景名胜区景观协调发展的规划方法：青城山—都江堰风景名胜区总体规划例证研究［J］. 小城镇建设，2019，37（6）：35-40，48.

两侧山脉面朝成都平原绵绵而下，令人惊叹于造物的神奇。

秀：青城山谷秀峰奇，溪涧蜿蜒，百转千回，山清水秀；岷江大河在这里冲出重重山脉，淌向成都平原，别有一番景致。

（3）世界自然遗产及突出普遍价值

2007 年，青城山作为大熊猫栖息地的一部分被纳入中国四川大熊猫栖息地世界自然遗产，涉及大熊猫栖息地保护面积为 129.50km²。其中，核心区 44.38km²，缓冲区 85.12km²，涉及青城前山、青城后山和赵公山等区域。遗产地满足世界遗产突出普遍价值标准（X），价值表述为："四川大熊猫栖息地拥有世界上超过 30% 的大熊猫种群，并且是目前世界上现存最大最重要的大熊猫栖息地连片区，它是建立该物种圈养繁殖种群的最重要来源。该遗产地也是世界上植物最丰富的温带地区之一，或者说是除热带雨林以外植物多样性最丰富的地区之一。其突出普遍价值在于，该遗产地保护了各种各样的地形、地质和动植物物种，对生物多样性保护具有特殊价值，并且可以展示生态系统管理如何跨越国家和省级保护区边界运作。"[1]（图 10-1）

3. 灾后重建背景

2008 年 5 月 12 日，四川省汶川县发生 8.0 级地震，离汶川约 100km 的风景区部分设施受损，多处房屋倒塌，受灾严重。面对异常艰巨复杂的重建任务，党中央、国务院，四川省委、省政府和成都市委、市政府高度重视，先后公布了多达 20 项优惠政策，取得了抗震救灾的重大胜利。

但与此同时，为了加快灾后重建，在居民点的恢复重建过程中，政府通过吸纳社会资金参与联建的方式快速建设了安置房、联建项目以及一定数量的安置区，这种特殊时期的快速运作模式，客观上造成了风景区内建设量和常住人口显著增加，实际上给风景区管理和世界遗产保护带来了巨大的挑战。

---

[1]　UNESCO. 四川大熊猫栖息地：卧龙、四姑娘山、夹金山世界自然遗产提名文件［Z/OL］.［2021-08-16］. http://whc.unesco.org/uploads/nominations/1213.pdf.

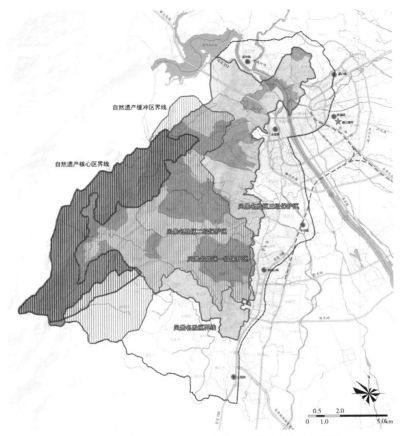

图 10-1　青城山—都江堰风景区与世界自然遗产地的空间关系

二、乡村社区发展建设现状

1. 人口规模与建设现状

　　通过对青城山规划范围内现状常住人口规模进行统计，可以了解到，风景区内常住人口为 16662 人，共涉及 22 个行政村，其中 14 个行政村有一部分用地在风景区内（表 10-1）。

　　根据各乡镇的大比例尺测绘图计算，风景区内各类建筑占地面积为 152.99hm²，总建筑面积约为 200 万 m²（表 10-2、图 10-2）。

风景区常住人口统计　　　　　　　表10-1

镇名称	行政村	风景区内常住人口/人	各镇涉及人口/人
龙池镇	都江村（部分）	1800	4019
	岷江村（部分）	1242	
	黎明村（部分）	977	
灌口街道办	灵岩村（部分）	178	178
中兴镇	两河村	668	4069
	三溪村	486	
	上元村（部分）	2915	
玉堂镇	石牛村（部分）	0	3084
	南华村（部分）	750	
	白马村（部分）	87	
	水泉村	990	
	龙凤村	982	
	凤岐村（部分）	275	
青城山镇	青景村（部分）	0	5312
	青城村（部分）	360	
	味江村	1178	
	沙坪村	1050	
	泰安村	1421	
	尖峰村	702	
	五里村（部分）	351	
	石桥村（部分）	250	
	桃花村（部分）	0	
合计		16662	

2. 灾后重建概述

风景区村庄灾后重建项目可分为四类，分别是个人自建项目（个人住宅）、个人联建项目（个人住宅和联建方建设）、联建建新区项目（集体联建建新区和土地整理建新区）、安置点项目（集体联建安置点和土地整理安置点）。灾后重建项目的土地权属为集体建设用地，并均已办理了土地使用证。

风景区内共有联建主体3473人，其中青城后山景区联建主体达3068人。

风景区建设用地面积统计（2014年）　　　　表10-2

景区名称	乡镇名称	行政村	总人口	建筑占地面积/hm²	人均建筑占地面积/（人/m²）
都江堰、灵岩寺景区及周边	龙池镇	都江村	1878	21.86	116.4
		岷江村	1365	5.02	36.78
		黎明村	977	4.46	45.65
	灌口镇	灵岩村	192	6.65	346.35
王婆岩景区	中兴镇	两河村	668	4.45	66.62
		三溪村	500	8.89	177.8
		上元村	2961	4.37	14.76
鸡公堰景区	玉堂镇	石牛村	0	0	0
		南华村	750	7.65	102
		白马村	148	0.68	45.95
		水泉村	990	9.23	93.23
赵公山景区	玉堂镇	龙凤村	982	7.68	78.21
		凤岐村	275	2.15	78.18
前山景区	青城山镇	青景村	0	0	0
		青城村	430	8.9	207
后山景区及其周边	青城山镇	味江村	1900	13.18	69.4
		沙坪村	1554	10.55	67.9
		泰安村	2094	20.55	98.1
		尖峰村	1231	7.31	59.4
		五里村	740	7.53	101.8
		石桥村	500	1.88	37.6
		桃花村	0	0	0
红岩景区	无	无	0	0	0
合计	—	—	20135	152.99	75.98

其中个人自建、个人联建和安置点项目大部分为已批已建或者已批在建项目，超建、加建现象较为突出，对风景区景观生态环境造成一定的负面影响且短期内难以拆除、疏解。风景区中的联建建新区项目大部分为未批未建或已批未建，根据灾后重建政策，对联建方可使用的集体建设用地实行用地性质管制，不能建设住宅类项目（表10-3）。

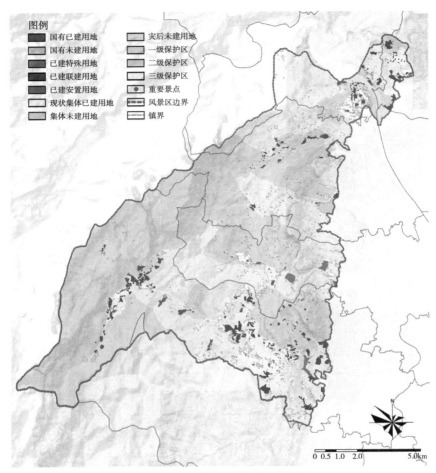

图 10-2　风景名胜区现状建设用地情况

风景区内各景区联建参与主体人数统计	表10-3
景区名称	联建主体/人
都江堰及灵岩寺景区	215
王婆岩景区	60
鸡公堰景区	61
赵公山景区	0
前山景区	70
后山景区及周边	3067
红岩景区	0
合计	3473

3. 经济产业发展现状

近年来,风景区内居民围绕"景区经济",培育特色旅游服务业和特色经济作物种植产业,社会经济得到了较快的发展。2014 年,风景区居民人均纯收入达到了 7500 元 / 年,其中乡村旅游收入已成为居民收入的重要来源。

特色经济作物种植方面,风景区内的农产品主要包括猕猴桃、中药材(厚朴、黄柏、杜仲)、茶叶、银杏、板栗等,初具规模和品牌效应,都江堰风景名胜区成为都江堰市重要的中药材生产基地之一。猕猴桃种植和生态观光旅游有机结合,成为都江堰市特色乡村旅游项目。

三、乡村社区和自然保护地的关系

1. 灾后重建活动对生态环境的影响

特殊背景下的灾后重建客观上造成了风景区内常住人口和建设量显著增加,尤其体现在以下几个方面:一是联建项目将外来人口引入风景区,对风景区会造成持续的负面影响;二是由于灾后重建任务急迫,在总量上缺乏控制,且房屋体量有所增加,造成现今建设用地无序扩张和总量超标的状况;三是灾后重建在选址上缺乏对资源保护的考虑,一些别墅临河修建,产生的生活污水、生活垃圾及居民开展的生产活动,影响到溪流生态系统,还有一些别墅已修至接近山顶的位置,直接侵占了野生动物栖息地(图 10-3)。

图 10-3 灾后重建联建项目

2. 传统采笋活动对生态环境的影响

竹笋是大熊猫、黑熊、鬣羚、斑羚等一系列保护动物的重要食物来源，而采笋活动是当地居民比较传统和普遍的生产方式，但由于这种行为缺乏控制和合理的引导，对环境的破坏较为严重，对以竹笋为主要食物的熊猫等大型动物的生境威胁较大。

在龙池镇有一条新修公路直至风景区西界（沿赵公山—青城后山山脊线）附近不足 200m 处，使人很容易从后山翻越山脊进入景区。而这恰是世界自然遗产大熊猫栖息地的关键区块（廊道），在调研过程中，曾发现该区域存在捕猎设施，并有来此捕捉候鸟的乡村居民（图 10-4）。

3. 风景旅游改善乡村社区经济条件

青城山旅游发展迅速，据 2012 年的游客数统计，风景区游客数占全市游客数的 39%，旅游收入占全市旅游收入的 33.4%，青城山是成都市旅游发展的重要支柱，也是四川省旅游发展的龙头。

受此影响，风景区内众多乡村也作为一种乡村旅游资源，逐渐融入风景旅游，早在 1985 年，青城后山居民率先开办"农家乐"，发展旅游服务业，其中泰安古镇发展建设已比较成熟，成为四川省最早发展乡村旅游的地区之一，改善了乡村社区的经济条件（图 10-5）。

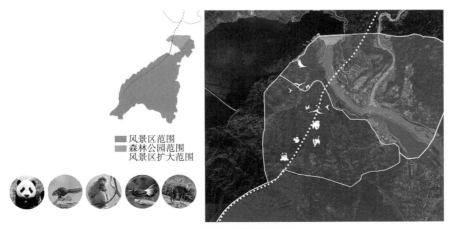

风景区范围
森林公园范围
风景区扩大范围

图 10-4　龙池镇大熊猫迁徙廊道

图 10-5　青城山镇泰安村

　　但与此同时也可以看到，风景区内乡村旅游发展仍旧处于低附加值的初级发展阶段，旅游产品主要为农家住宿和农家餐饮，乡村的生态和文化资源尚未形成高附加值的旅游产品。

4. 乡村社区发展提升居民保护意识

　　虽然当地居民一些原始的生产生活方式尚未完全扭转，对生态环境有一定负面影响，但也出现了一些积极的情况。部分当地居民看到了景区旅游发展对乡村社区发展的促进作用，逐渐加强了保护生态环境的意识。风景区内22个行政村，均位于都江堰市的浅丘和山区地带，历史上开展了大面积的退耕还林，形成了规模化的人工厚朴林、银杏林、杉木林以及其他经济林。而林果为以鸟类为代表的动物提供了食源，在一定程度上改善了生态环境和生物多样性，在此基础上形成的生态观光旅游方兴未艾，提高生产生活水平，一定程度上缓和了乡村社区发展与生态保护之间的矛盾。

四、"协同发展"规划的思路和策略

1. 综合生态分析，确定保护的底线

　　针对乡村社区发展对风景区造成的诸多潜在威胁，规划通过识别关键的生态保护区域，提出了一系列保护措施控制乡村社区的生态威胁。这其中包括严格保护后山"青城山—赵公山"山脉及其向东南方向延伸出来的 3 条支脉上海拔 1600m 以上的大熊猫栖息地，限制采笋行为，重点包括风景区内的坪乐村、两河村、白云村、尖峰村、红岩村、麻岩村及外围保护地带河坪村等区域，保护大熊猫、黑熊、鬣羚、斑羚等一系列保护动物的重要食物来源；同时严格管控风景区内海拔 1600m 以下区域的建设活动和居民的生产活动，促进低山区域森林更新和恢复，培育动物栖息环境，禁止开展猎捕、毁巢、取卵及其他破坏野生动物生息繁衍的行为（图 10-6）。

2. 划定功能分区，明确空间布局

　　规划综合考虑生态保护、风景游赏、游览建设、乡村社区管理等功能，将风景区分为生态保存区、风景游览区、风景恢复区、旅游服务区、村庄协调区五类功能区（图 10-7）。

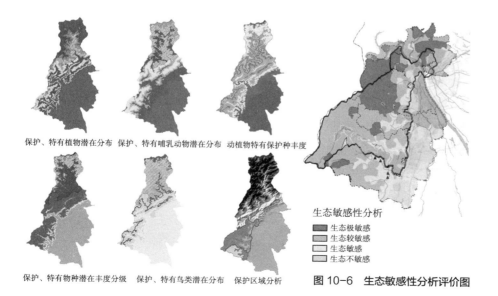

保护、特有植物潜在分布　保护、特有哺乳动物潜在分布　动植物特有保护种丰度

保护、特有物种潜在丰度分级　保护、特有鸟类潜在分布　保护区域分析

生态敏感性分析
- 生态极敏感
- 生态较敏感
- 生态敏感
- 生态不敏感

图 10-6　生态敏感性分析评价图

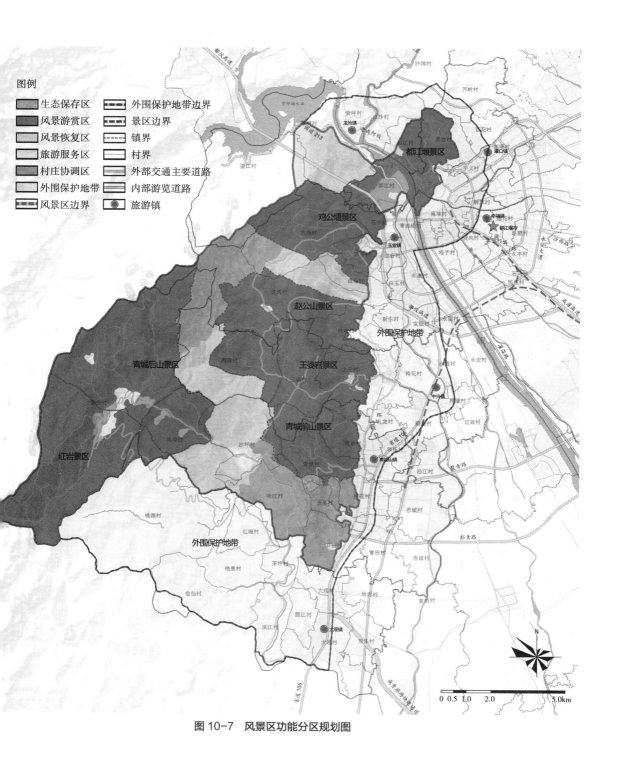

图例

- 生态保存区
- 风景游赏区
- 风景恢复区
- 旅游服务区
- 村庄协调区
- 外围保护地带
- 风景区边界
- 外围保护地带边界
- 景区边界
- 镇界
- 村界
- 外部交通主要道路
- 内部游览道路
- 旅游镇

都江堰景区

鸡公堰景区

赵公山景区

青城后山景区

王婆岩景区

青城前山景区

红岩景区

外围保护地带

外围保护地带

0 0.5 1.0 2.0 5.0km

图 10-7 风景区功能分区规划图

生态保存区是风景区内生态环境价值最突出的区域，位于赵公山中、高海拔生态敏感地带，是自然遗产大熊猫栖息地核心区部分，是需要重点涵养、维护的对象与区域，也是禁止开发区域。在规划管理中以生态保护、保存为主导功能，除科考探险外，禁止其他人类活动。

村庄协调区是指村庄建设集中分布的区域。主要集中在龙池镇都江社区与青城山镇五里、青景、沙坪、红岩等居民集中分布的社区。这些地区要符合人口调控和建设控制的要求，其建设应与风景区景观环境协调。

3. 统筹规划，合理调控乡村居民点

（1）居民点规模调控

根据自然资源的敏感程度，综合考虑地质安全、风景资源保护培育等要求，并统筹与土地利用规划和乡镇规划（国土空间规划）的关系，规划提出将现有居民点划定为生态疏解型、缩小型、控制型和保持现状型四类，并鼓励生态移民，相应减少村庄建设用地规模。对位于地质灾害区的分散居民点，引导向居民安置点集中或向风景区外围疏解，降低居民生产和生活活动对生态环境的影响（图 10-8）。

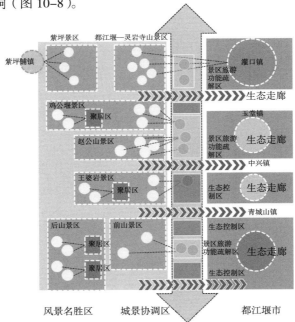

图 10-8　风景区居民社会调控规划（一）

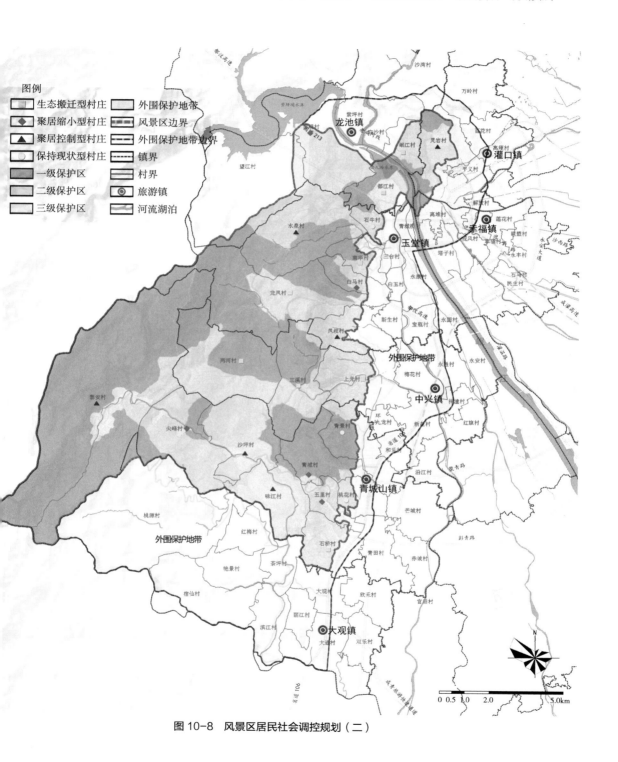

图 10-8　风景区居民社会调控规划（二）

同时，借助青城山与周边城镇紧密联系和相互影响的空间格局，规划提出以城镇发展区为依托，承接从风景区疏解的旅游服务职能、游览设施和常住人口，并规划了风景区外围的居民安置区域和旅游服务基地，落实到在编的国土空间规划中，实现山城互动、职能互补，达到城景协调、功能疏解、人口外迁的目的。

（2）居民点建设管控

考虑当前超量的村庄建设，未来的村庄建设应以居民自住为目的，不得进行房地产开发，在规划确定的旅游服务基地外，不得自行增建游览设施和旅游服务设施。同时，所有居民点房屋建筑按照当地川西民居传统风貌进行建设和改造，采用乡土建筑材料，建筑高度控制在 3 层以下，以坡屋顶形式为主；房屋建设因地制宜、顺应地形，保护古树名木和大树，严禁毁林开荒；加强村庄乔木绿化和垂直绿化，达到绿树掩映的效果（图 10-9）。

为了进一步加强规划的可实施性和可操作性，规划要求居民点的各项建设应纳入都江堰市规划管理部门统一管理，严格审核审批，统一执法。

（3）环境污染治理

针对环卫设施和污水处理设施建设滞后的问题，规划提出统筹配置乡村公共服务设施，减少农业生产带来的面源污染和植被环境破坏；对生活垃圾进行收集、转运处理；根据乡村社区的分布，综合考虑投资等要素建设污水收集处理设施，对生活污水进行达标处理，提高污水处理达标率，严格禁止污水废物向风景区直接排放，从而有效保护风景区生态环境。

图 10-9 按照川西民居传统风貌建设的居民点房屋

4. 分类施策，降低灾后重建的负面影响

灾后重建项目是在特殊历史时期的特殊政策指导下建成的，风景区规划将其作为现状建设对待，但由于其建设未经严格评审，与风景区资源环境保护存在矛盾之处，为此，规划对灾后重建的不同分类做出分析，并依据类别提出管控要求（表10-4）。

风景区内灾后重建项目类型分析　　　　　　　　　表10-4

灾后重建模式	主要参与主体	资金来源	对风景区的影响
个人自建	政府、农户	灾后补贴、宅基地融资、自筹资金	按照人均30m² 的宅基地指标进行重建，形成了农家乐＋住宅的模式，建设量基本未增加，对风景区负面影响最小
个人联建	农户、联建方	联建方出资、灾后补贴、自筹资金	农户和联建方共同使用宅基地指标，在实施过程中建筑层高增加、宅基地面积突破要求，从而带来建设量增加，对风景区造成一定负面影响
安置点项目	政府、联建方、农户	联建方出资、自筹资金、地票费	安置点项目在风景区内形成集中式住宅区，基础设施较完善，有利于风景资源保护，但是在实施过程中建筑层高增加、宅基地面积突破指标规定，从而带来建设量增加，对风景区造成一定负面影响
联建建新区项目	政府、村集体和联建方	联建方出资、银行贷款	联建建新区项目增加了风景区内建设量，造成商业游览设施大量增加。同时部分建新区出现超建、违建，联建方私下出售小产权房的现象，在破坏资源的同时将外来人口引入景区，对风景区的后续负面影响较大

根据规划，包括灾后重建在内的违反规划擅自建设、超高超面积的建设必须拆除；对村庄从总体格局、建筑风貌、环境卫生、景观绿化、公共设施、旅游发展等方面进行综合整治，特别是对青城后山违建建筑应重点清理整治。未建的灾后重建项目应立即停止，不再进行建设。

对于个人自建和个人联建项目后续的加建、扩建、改建，实行严格的动态监控和规划审批制度。甄别风貌较差的个人自建、联建项目，进行风貌专项整治。严格控制联建人口转化为风景区常住人口。

对安置点项目的规划选址进行地质安全排查，在不适宜建设区域的项目应在规划期内进行疏解，作为生态疏解项目重新选址安置。安置点房屋

建筑应保持传统民居风格，建筑形式、材料、尺度、色彩必须与传统风貌及周边环境相协调，鼓励使用乡土材料，体现传统特色。应编制专项规划改造与风景区景观环境冲突的新建建筑，使其与环境相协调。同时严格控制安置点的人口增长，土地确权后新增人口不在风景区内增加宅基地，向风景区外疏解。

对于建新区项目，严格控制其用地性质，并限制将建新区项目作为商品房进行私下买卖，严格禁止联建人口转化为风景区常住人口。对于不符合风景区规划要求的建新区项目，未批未建和已批未建的，原则上应迁出风景区。已批已建、已批在建和未批已建的，应进行功能优化、风貌整治、违章建筑拆除和生态恢复，规划远期根据国家政策单独编制建新区项目的整治规划。

5. 有序引导，促进乡村社区产业提升

（1）加强特色种植业

未来风景区依然是大量居民赖以生存的空间，因此规划建议风景区内乡村在近期仍然以第一产业为基础，调整农业产业结构，鼓励发展对自然资源有利、成本低、收益高的特色种植业，并扩大猕猴桃、中药材、板栗、银杏、速生丰产林、茶叶等特色经济作物的种植规模；适当开发猕猴桃果酒等延伸产品，构建多元化特色农产品体系。

此外，在巩固第一产业的同时，应加强第一、第三产业的融合，依托特色种植业，形成农业生产、农民生活、农村生态、乡村文化相融合的休闲农业，建设乡村旅游示范村；发展生态农庄旅游，开展农业游、林果游、花卉游等不同主题的特色旅游活动，满足游客体验农业、回归自然的心理需求。

（2）升级农家旅游

乡村社区的民居在承载当地居民居住功能的同时，有条件成为开展农家乐旅游的接待设施。对于一些有价值的老房子，可对其进行功能改造，优化村庄景观环境，原址改建为古村落、古民居型旅游景点，以农耕历史、民俗文化为旅游吸引物，同时注重挖掘当地的药食文化、长寿文化、茶文化、猕猴桃文化、中医药文化、道教养生文化、熊猫文化、财神文化，加强文化旅

游产品的研发和设计，鼓励居民制作食品、服饰和传统手工艺品等，保存并发扬民俗文化，增加乡村旅游的文化内涵。

为了促进乡村旅游规范发展，提高现有游览服务设施档次，应在不损害生态资源的前提下，推广旅游特色乡（镇）、村和乡村酒店农家乐星级评定，鼓励居民以房屋、农家乐、经营管理技能入股，联合经营、集体经营，提高农家乐的规模经营效益和服务水平。

（3）参与生态旅游服务

对于生态环境良好，以自然景观为主，具备开展生态旅游条件的区域，规划建议这些区域内部和周边的乡村居民积极参与生态旅游和相关服务工作，如向导、解说等。

以红岩景区为例，该景区位于世界自然遗产核心区大熊猫栖息地内，包括红岩胜景、和尚顶、峡谷碧幽等主要景点，景区生态环境较为原始，生态价值高。规划一方面提出不进行建设和开发，以保护大熊猫栖息环境为主，不开展大规模的游览活动，控制游人进入；另一方面建议以科考探险为主题，吸引特定人群进行体验式生态旅游，鼓励本地乡村社区居民以作向导的方式提供旅游服务，在开展自然科普教育、传播遗产价值的同时，提高当地居民收入水平。

第十一章
贵州关岭——化石地质旅游视角下"协同发展"规划实践

一、现状概况

1. 自然保护地简介

贵州关岭化石群国家地质公园（以下简称"关岭地质公园"或"地质公园"）位于关岭布依族苗族自治县（以下简称关岭县）境内。关岭地质公园地属新铺镇、岗乌镇，西侧有部分区域隶属黔西南布依族苗族自治州晴隆县光照镇，面积为 59.4km²，距省会贵阳市 188km，距安顺市中心城区 90km，距关岭县城 38km，沪昆高速铁路、320 国道穿境而过。关岭地质公园于 2002 年被列为省级地质公园，2004 年 1 月 19 日被国土资源部批准为"贵州关岭化石群国家地质公园"，2019 年 1 月作为"贵州三叠纪化石群"的一部分被列入世界遗产预备清单。关岭地质公园由卧龙园区、新铺园区、岗乌园区、江西园区和光照园区组成，并与关岭花江大峡谷风景名胜区交叉重叠。关岭花江大峡谷风景名胜区于 2000 年 2 月 12 日由贵州省人民政府审定公布为第四批省级风景名胜区，面积为 300km²。

2. 地质遗迹景观类型

在距今 2.5 亿 ~ 2.28 亿年的早中三叠世时期，我国南方除了东南沿海一带有断续分布的古陆外，均为一片汪洋大海所覆盖。由于构造古地理的分异，自北向南依次为上扬子浅海、湘桂海槽和赣粤浅海。关岭地区位于南盘江裂陷槽盆的东北部，属于扬子浅海海盆西南缘的活动外陆棚地带。

到了距今 2.27 亿年前的中三叠世晚期，在印支造山运动和全球性海退的影响下，我国华南乃至扬子海盆绝大部分地区均上升为陆地，使那些曾经生活在这个海域的各种生物失去了原有的栖息地而面临灭顶之灾。为了求得生存，它们势必要通过迁移而寻找新的生存空间。与此同时，介于云南东部、贵州西南和广西西北边界之间的南盘江断裂带则进一步扩展，并伴随晚三叠世初期的海侵，形成了北东南三面为川、滇、黔、桂古陆所环绕，仅西南角与东特提斯洋相通的陆间裂陷槽盆或海湾，从而为各种海洋生物提供了一个生存和发展的空间。正是在这个特殊的"避难所"中，那些原有的和面临灭顶之灾而迁移至此的各种各样的生物得以生存和发展，形成了世界罕见的关岭生物群。①

到了卡尼期晚期，随着中国南方大陆的进一步抬升，这个以南盘江槽盆为基础而发展起来的"避难所"的面积逐渐缩小，从一个半封闭的海湾逐渐转化为几乎全封闭且相对滞流的盆地。尽管随着季节变化不时有淡水注入，但由于水流不畅和大量生物聚集而造成的有机质过盛贮存，破坏了海盆内部正常的水循环作用，再加上海水的不断咸化，导致在海盆内部发生了缺氧事件和大量生物群集群绝灭。正是这种缺氧的海底环境为保存这些生物遗体提供了必要的条件，使得它们死后得以完整地保存下来，从而造就了当今所见到的关岭化石库。关岭地质公园内地质遗迹景观以古生物、环境地质遗迹景观、地质（体、层）剖面、地质构造为主，兼有岩溶漏斗等地貌景观。地质遗迹景观具有多样性、典型性，全方位展示了区域构造运动和化石形成的演化过程和规律。

按照《国家地质公园规划编制技术要求》（国土资发〔2016〕83 号）中对地质遗迹类型划分的标准，规划将园区地质遗迹划分为 5 大类：地质（体、层）剖面、地质构造、古生物、地貌景观、环境地质遗迹景观；6 类：沉积岩相剖面、构造形迹、古动物、岩石地貌景观、采矿遗迹景观；7 亚类：典型沉积岩相剖面、中小型构造、古脊椎动物、古无脊椎动物、可溶岩地貌（喀斯特地貌）景观、采矿遗迹景观。具体类型见表 11-1。

---

① 汪啸风，陈孝红，陈立德，等. 关岭生物群世界上罕见的化石库［J］. 中国地质，2003（1）: 20-35.

贵州关岭化石群国家地质公园主要地质遗迹点一览表　　表11-1

大类	类	亚类	名称	位置
地质（体、层）剖面大类	沉积岩相剖面	典型沉积岩相剖面	小凹组地层褶皱	小凹组以南
			卧龙岗断层	卧龙岗
			卧龙岗地层节理	卧龙岗
			竹竿坡地层剖面	G320 国道沿线
			小凹组第一段剖面	小凹组东
			赖石科组地层褶皱	小凹组北
			赖石科组地层崖壁	小凹组北
地质构造大类	构造形迹	中小型构造	水平层理	位于核心展示区地层剖面上
			小型波状层理	位于核心展示区地层剖面上
			坍塌构造和包卷层理	位于核心展示区地层剖面上
			结核状构造	位于核心展示区地层剖面上
古生物大类	古动物	古脊椎动物	鱼龙原位化石遗迹	卧龙岗原位馆
		古无脊椎动物植物	海百合原位化石遗迹	卧龙岗原位馆
	古生物遗迹	古生物活动遗迹	古生物化石骨骼	分散于核心展示区内
地貌景观大类	岩石地貌景观	可溶岩地貌（喀斯特地貌）景观	岩溶漏斗	分散于核心展示区内

3. 地质遗迹景观价值

地质公园包含了许多有价值的地质遗迹类型，其中以古生物化石、地质剖面等最为突出，其核心资源在国内外具有重要的地位。

（1）科学价值

位于贵州省关岭县新铺镇黄土塘一带晚三叠世早期地层小凹组（原"瓦窑组"）下部的关岭生物群，是一个以大量保存完美的海生爬行动物（鱼龙、海龙、鳍龙、盾齿龙等）和棘皮动物海百合为特色，多门类脊椎动物、无脊椎动物共同繁荣，且夹带有少许古植物化石的珍稀古生物组合。其化石保存完美、类型多样、数量丰富，为世界所罕见，堪称全球少有的晚三叠世"化石库"或"化石矿床"。①②

关岭生物群是继"澄江动物群"和"热河生物群"之后在中国地层古生物研究中的又一个重大发现。由于该生物群是在特殊的古地理和生态环境下形成，因此对该古生物群的研究不仅为揭示晚三叠世海生爬行动物和海百合化石的分类演化、古生物地理分区及古生态提供了宝贵材料，而且也是探讨生物多样性事件、集群灭绝和非常规保存和埋藏的天然博物馆（图11-1）。

图11-1 鱼龙化石和海百合化石

在科学价值上，关岭古生物遗迹价值在国内同期遗迹保护地中首屈一指。目前在世界遗产目录上含有三叠纪爬行动物化石类的世界遗产数量较少，以海洋爬行类化石遗迹为主要特色的世界遗产仅有瑞士和意大利两国交界的"圣乔治山"一处，更加凸显了关岭生物群的珍贵价值。关岭化石群的科学意义主要体现在为研究中生代海生爬行动物分类演化、分布及其与海洋生态环境的关系提供了丰富的资料，是开展群落生态和化石埋藏学研究的宝库。不同门类的生物共同生活在一起，死后"偕老同穴"，完好地保存在一起，从而为开展有关群落生态及化石埋藏学研究提供了创新研究课题。在对关岭生物群进行详细研究的基础上，结合三叠纪生态地层、层序地层、化学地层和古海洋环境的综合研究，将为研究三叠纪生物多样性事件及其与地球重大转

① 王尚彦，王宁. 关岭生物群的生活环境［J］. 贵州地质，2002（4）：240-241.
② 汪啸风，陈孝红，陈立德，等. 贵州关岭生物群研究的进展和存在问题（代序）［J］. 地质通报，2003（4）：221-227.

折时期地表生态系统演化的关系提供极好的素材，也为确定含化石层位的时代和建立界线层型剖面提供了素材。[①]

（2）审美价值

关岭地质公园内保存于小凹组下部岩层中的古生物化石群，由海生爬行动物、鱼类、海百合、海参类、头足类、牙形石、双壳类、腕足类和古植物等多门类生物构成。[②]现状原位馆展出的海百合化石，无论单体还是群体，都非常精美。展厅中最大的海百合群体化石，其冠、茎、根和附着的浮木都保存完好，直观地展示了海百合这种棘皮动物在海洋中的生活方式。关岭生物群中丰富而完整的鱼龙化石已经引起了广泛关注，以往所发现和报道的鱼龙化石大多是一些分散保存的骨骼，很少发现类似关岭生物群中完整头骨和头后骨骼共同保存的完整骨架，因其完整性而具有很高的审美价值。

（3）科普价值

关岭地质公园化石埋藏集中、门类齐全、数量丰富、保存完好，堪称世界上独一无二的晚三叠世化石宝库。该生物群中绝大部分门类的化石，都可以在野外露头上见及，具有丰富的科学内涵，是进行科普教育极其生动的教材。地质公园地质科普资源独特，为地学知识普及提供了原地场所，对于普通游客、相关院校学生和相关领域专家学者都有着极大的科普教育价值。[③]

（4）旅游价值

关岭地质公园起步较晚，和区域内同类地质公园和同类资源保护地的发展状况对比，资源优势并未得到充分发挥。但由于关岭地质公园是我国乃至世界上重要的三叠纪古生物化石基地，地质旅游资源品质和禀赋较高，加之地质旅游当前势头较好、发展快，关岭化石群国家地质公园必将成为富有科学价值与科考价值的地质旅游目的地。[④]

---

① 汪啸风，陈孝红，王传尚，等．关岭生物群的特征和科学意义［J］．中国地质，2001（2）：6-10.
② 王立亭．贵州三叠纪海生爬行动物研究进展［J］．贵州地质，2002（1）：6-9.
③ 王砚耕，王立亭，王尚彦．试论关岭动物群及其科学意义［J］．贵州地质，2000（3）：145-151.
④ 冯开禹．关岭地质公园的特点和旅游开发［J］．安顺学院学报，2011，13（5）：11-14.

二、自然保护地乡村社区发展现状

1. 乡村社区基本情况

关岭地质公园共涉及 2 地 2 县 3 镇 16 村。其中卧龙园区、新铺园区、江西园区位于关岭县新铺镇，含 15 个行政村；岗乌园区位于岗乌镇，含 3 个行政村；光照园区位于黔西南州晴隆县光照镇，含 1 个行政村。地质公园内总人口 17574 人。具体行政区及人口关系见表 11-2。

地质公园政区及人口一览表　　　　　　　　　表11-2

地级政区	县级政区	乡级政区	行政村	人口数/人
安顺市	关岭县	新铺镇	炭山村	834
			白云村	2347
			岭丰村	1851
			黄丰村	1317
			新光村	2102
			巴茅村	1119
			纳麻村	1026
			凉帽村	1539
			江西坪村	1322
			胡深沟村	318
			麻凹村	1153
			沙兴村	1275
		岗乌镇	磨石村	191
			纳卜村	205
			中心村	975
黔西南州	晴隆县	光照镇	半坡塘村	—

核心展示区作为化石分布最为集中，现状展示陈列设施集中分布的区域，涉及白云村（卧龙村）和麻洼村（海百合村）两个行政村。其中覆盖白云村（卧龙村）3 个村民小组，约 306 户；覆盖麻洼村（海百合村）3 个村民小组，约 214 户。

2. 乡村社区收入主要来源于传统农业

关岭县是典型的山区农业县，物种丰富、品质优良，生姜、花椒、砂仁等中药材，精品水果，关岭黄牛、板贵六花猪等为境内农业优势产品。地质公园主体所在的新铺镇耕地面积 14286 亩，境内资源丰富，拥有一批优势产品。在药材方面，新铺镇素有"药材之乡"的美称，境内中草药达 1000 余种，一直有着经营药材的传统习惯。在农业方面，有盘江西瓜、火龙果、枇杷、核桃、李子及蔬菜等优良产品，开发潜力巨大。在养殖方面，除了传统的家庭养殖外，近些年大力发展"关岭牛"的养殖，养殖业正处于快速发展阶段。地质公园所在区域乡村社区的主要产业为第一产业。同时也有大量的农村剩余劳动力在城镇从事第二、第三产业。

3. 乡村社区开山采石现象较为突出

当前地质遗迹的保护状况令人担忧，特别是卧龙园区非法开采化石的行为较为严重。当地村民在居民点周边的化石产出地层肆意使用机械破拆山体、盗掘化石，给珍贵的化石资源造成了难以计算的损失。破损的山体裸露于空气中，风化现象更加剧了化石资源破坏的潜在可能。由于主要的化石产出地层均位于社区集体土地范围内，紧邻社区居民聚居区，也给保护执法带来困难。

三、"协同发展"规划的思路和策略

地质旅游自 20 世纪 90 年代被首次提出，经过十多年的发展，正成为一种重要的新的旅游类型。地质旅游是以地质遗迹为主要旅游资源，借助地质遗迹的科学、科普等价值，开展以观赏、体验、科普、度假等为主要形式的旅游活动。[①] 贵州关岭化石群国家地质公园作为以古生物遗迹为主要资源的地质公园，具有发展各类地质旅游的巨大潜力。而当地乡村社区与各类地质遗迹在空间和生产生活上高度关联，具备依托和借助地质旅游发展的条件。

---

① 龚克，孙克勤. 中国地质旅游现状与展望 [J]. 国土与自然资源研究，2011（6）：51-53.

1. 识别化石分布区域，分区管控乡村生产和建设活动

　　规划根据地质遗迹的分布规律划定保护分区，对社区发展和建设活动进行规划控制（图 11-2）。

　　规划对国际上极为罕见和具有重要科学价值的地质遗迹实施特级保护，划为特级保护区。特级保护区面积约为 8000m²，为小凹组第一段剖面范围，位于新铺镇小凹村寨南东约 500m 的公路旁，由中国地质调查局宜昌地质矿产研究所 2001 年实测，2002 年命名。特级保护区是地质公园内的核心保护区域，不允许社区居民和观光游客进入，只允许经过批准的科研和管理人员进入，开展保护和科研活动；区内不得设立包括民居在内的任何建筑设施；对现有的断面区域周边建设围栏进行保护，并安排工作人员值守，避免社区居民进入。

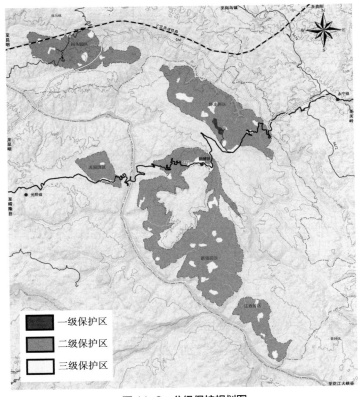

图 11-2　分级保护规划图

规划对国内极为罕见和具有重要科学价值的地质遗迹实施一级保护。一级保护区的面积为 $11.5km^2$，为卧龙园区地质遗迹保护区范围，由于该区域广泛分布有小凹组第三段海洋爬行类化石，其中有相当部分区域已经遭到了当地村民的盗掘，因此将其纳入一级保护区进行保护，被采挖出的这类化石要保存在有资质（条件）的存放单位，并要采取有效措施，保护其完好。经相关部门批准，可组织适度的参观旅游、科研或国际交往。也可以安置必要的游赏步道和相关设施，但设施必须与景观环境协调；要控制游客数量，严禁机动交通工具进入。

规划对大区域范围内具有重要科学价值的地质遗迹实施二级和三级保护。二级保护区和三级保护区面积合计为 $31km^2$，二级保护区范围包括新铺园区和岗乌园区的地质遗迹保护区，三级保护区范围为光照园区的地质遗迹保护区。允许设立少量地学旅游服务设施，但必须限制与地学景观游赏无关的建筑，包括民居在内的各项建设与设施应与景观环境协调。所有地质遗迹保护区内不得进行任何与保护功能不相符的工程建设活动；不得进行矿产资源勘查、开发活动。

2. 开发特色旅游产品，引导居民参与旅游活动

地质遗迹保护除了需要有严格的规划管控要求外，还应该为社区找到提高生活水平和收入水平的途径。在满足严格的资源环境保护要求的前提下，强调科学研究的基本功能，是保持地质公园生命力的根源。依托独一无二的晚三叠世海洋古生物化石资源以及优美的生态环境，紧密结合地域文化，开展生态与地质科普教育，开发休闲体验旅游产品，找准社区参与的途径，是实现社区和地质公园协同发展的重要途径。

第一，规划提出开发民俗文化体验游，以关岭布依族、苗族等少数民族文化为主线，以生态景观、生产活动及文化习俗为主要展示内容，以民族歌舞、篝火舞会、特色餐饮、民族服饰展示和农家乐体验等活动为主要展示方式，以"上甲村""松德村""落莽村"等旅游引力强、发展潜力大的民俗村为基点，实现旅游开发与文化保护的良性互动，构建相互协调、各具特色，集观光、休闲、科普、体验于一体的少数民族风情旅游产品。

第二，规划提出打造具有布依风情的特色主题度假产品。重点布局在松德村，在满足严格的资源环境保护要求的前提下，依托周围良好的生态资源环境，严格控制建设规模，借鉴仁安悦榕庄、丽江悦榕庄等成功案例，建设生态型、高档次的度假设施，营造具有浓郁布依民俗文化特色的休闲度假环境，打造生态旅游度假品牌。

第三，突出纯净疗养保健功能，开发休憩度假项目。我国很多城市空气质量长期重度污染，市民对清新空气和纯净环境的生理需求和心理需求都极为迫切，借鉴世界上生态资源开发的成功案例（尤其是日本"森林疗法社"标准体系），突出纯净环境对人体的作用，结合社区土地开发提供具有康养保健功能的项目，如呼吸健康管理中心、养生食疗餐厅等。针对城市居民的日常休闲需求，瞄准中短途旅游市场，开发纯净度假类产品，例如生态徒步、生态度假木屋、生态小道等。

第四，开发特色手工艺品。充分挖掘关岭非物质文化遗产，进行创新创意提升，开发民族特色浓郁、符合现代审美的旅游商品，拓宽村民收入渠道，实现旅游扶贫。

第五，加强社区居民旅游服务技能培训。在未来地质公园全面开展旅游活动的背景下，应加大对当地居民旅游服务技能的培训力度，促进其更快融入旅游发展当中。相关知识培训主要包括以下方向：古生物化石和民族知识培训、法律法规培训、服务意识和服务技能培训、环境保护知识培训、安全救援常识培训、旅游经营礼仪礼节培训、商品加工和包装能力培训、宣传销售技能培训。

3. 因地制宜，引导乡村社区发展传统农业

地质公园涉及的两个乡镇应将旅游服务业作为支柱产业之一。规划提出在满足地质遗迹保护要求的前提下，退出破坏性产业，将农牧业与旅游发展结合。对于地质公园不同的区域，规划提出4个经济区进行分类引导（图11-3）。岗乌镇南部经济区主要发展基础旅游服务业，并结合当地的土地条件建设生态果园发展基地，开展观光旅游。新铺镇北部经济区可开展基础旅游服务业，发展传统手工艺（如化石仿制加工），并依托现有的果蔬经

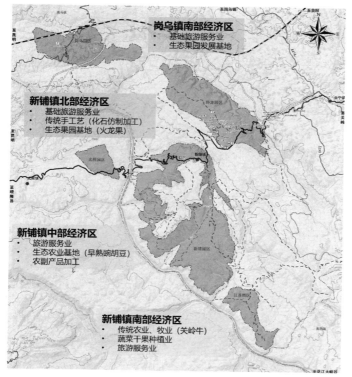

图 11-3　乡村社区产业发展示意图

济扶持政策建设生态果园基地（如火龙果）。新铺镇中部经济区未来可结合旅游服务业，建设生态农业基地（如早熟豌胡豆），并开发农副产品加工业。新铺镇南部经济区开展传统农业、牧业（如关岭牛），开展蔬菜干果种植业，引导居民从事旅游服务业。

4. 分类施策，调控乡村社区居民点

区域城镇化对社区居民剩余劳动力的吸引是长期的过程，而部分社区地处偏远，基础设施、公共服务设施建设成本高，这些都要求规划对不同的社区居民点进行合理调控，在保护地质遗迹的同时，提高社区居民生活水平。规划根据地质公园社区居民点的分布和社会经济发展状况，结合现有居民点分布和古生物化石地层分布的关系，考虑未来即将开展的设施建设区域。总体上将居民点分为聚居型、缩小型、控制型三类进行调控。

聚居型居民点为新铺镇区，未来应逐步引导部分乡村人口转移至新铺镇，从事工商业活动。缩减型居民点为白云村、麻洼村，根据核心展示区规划搬迁白云村位于地质公园内的村组，根据核心展示区保护和开展科研的要求缩减麻凹村人口。控制型居民点包括中心村、沙星村、新光村、胡深沟村、纳卜村、磨石村、岭丰村、巴茅林村、凉帽村、纳麻村、江西坪村。根据化石遗迹保护要求控制位于地质遗迹保护区的行政村人口，社会经济政策优先向该类型行政村倾斜，新增人口向新铺镇、岗乌镇等区域中心城镇聚集。

白云村在地质公园核心区范围内的村组涉及 216 户。搬迁型村组按照当地拆迁标准对耕地、房屋等进行补偿，并予以就近安置；在地质公园核心展示区为搬迁型村组的居民安排就业，从事和地质公园相关的解说、环卫、餐饮等服务工作。麻洼村的麻洼组、尖山组、五方寨组基本保留现有居民点，并开展村庄环境整治，共涉及 214 户。

对于保留型居民点规划采取以下措施：未来保留三个村民小组，从事农业生产，并在政府和管理机构的监督下适度通过民俗接待参与旅游活动；由政府或者企业与村民共同出资改造民房，改善建筑风貌，塑造良好的环境氛围；完善村庄的供水、排水、环卫等基础设施，减少对周边自然环境的不良影响；对村民进行环境教育，逐渐杜绝对核心展示区和周边地区化石的盗掘活动。搬迁安置应在居民点调控的基础上，征求不同居民今后在地质公园就业服务的意愿，予以区别对待；家庭青壮年在关岭县城、新铺镇工作学习的，在征求家庭成员意见的前提下，在上述两处地点进行安置；家庭成员仍在本地工作生活的，在核心展示区东南侧新建移民新村予以就近安置，培训部分成员成为地质公园的服务人员，应根据当地的补偿标准对安置人员进行现金、住房等补偿。

5. 注重乡村环境整治，优化社区人居环境

受制于整体经济发展水平和自然条件，当地社区的人居环境较差。在地质旅游进一步开展，为地方经济注入更多活力的预期下，有必要为社区回馈更多。同时，良好的村庄风貌也有助于带动旅游发展。因此规划提出对社区人居环境进行整治，主要涉及在未来开展旅游活动的密集区域，即核心展

白云村传统民居 白云村新建民居

图 11-4　居民点建设现状

示区内的村庄，包括卧龙园区的白云村和麻凹村。整治的目标是在短期内提升核心展示区的景观风貌，形成与核心展示区总体形象匹配的良好村庄景观（图 11-4），并引导部分村组开展旅游接待服务工作。

村庄景观整治应遵循当地的传统建筑风貌，使用本地的建筑材料进行建设，避免贪大求洋的建筑风格。应通过生态修复等相关工作恢复受到破坏的自然景观，并保护传统村落的空间肌理、农田格局风貌等。景观整治还应因地制宜，本着节约环保的基本原则，避免过度追求城市化的景观风格，减少铺张浪费。

6. 加强执法和宣传教育

针对社区对盗掘化石缺乏足够执法力量的问题，规划提出对管理机构的执法队伍定期开展业务培训，提升执法能力；对卧龙园区等重点地段开展定期执法行动，严厉打击盗采化石行为；加强管理机构执法队伍巡护装备和设备配置，提升执法效率；充分利用信息化技术开展对化石资源违法活动的监测，做到及时发现及时解决；在地质公园内发掘古生物化石，应当依法向国土资源部提出申请并取得批准；进行化石资源发掘和转让的，应符合相关法律对化石等级的要求；管理机构应定期对当地居民进行入户宣传教育，普及化石保护法律知识；管理机构应依托展示陈列设施，居民集会场所定期开展集中宣传教育活动，普及化石保护知识。

第十二章
峨眉山——"协同发展"理念下乡村调控与旅游参与规划实践

一、现状概况

1. 区位和概况

峨眉山位于四川盆地西南边缘向青藏高原的过渡地带，距成都 168km，距乐山市区 38km，距峨眉山市城区 7km。1982 年经国务院批准为峨眉山国家重点风景名胜区（以下简称风景区或峨眉山风景区）。1996 年和乐山大佛一同被列入世界文化和自然双遗产。

在旅游热潮的冲击下，峨眉山的旅游人数逐年攀升。2019 年游客接待量为 398 万人，同比增长 20.79%；与 2014 年（287 万人）相比，年平均增加游客 22.2 万人。另外，随着成渝地区双城经济圈建设，西成高铁通车以及"大峨眉"旅游联盟成立等，峨眉山与周边，与重庆、西安等重要省外客源地的联系也日益紧密。峨眉山旅游业十余年的迅猛发展，既带来了发展的良好机遇，也给保护管理带来了许多挑战和困难。

2. 主要保护对象和资源特征

峨眉山拥有丰富的珍稀濒危物种和模式种，被称为"植物王国"，是动物种质的基因库，展现了极其丰富的生物多样性特征。同时峨眉山也拥有多样的地貌类型，展现了丰富的地质景观和较高的科研价值。此外，峨眉山素有"西南佛国"美誉，是我国四大佛教名山之一，普贤菩萨道场，在中国乃至世界佛教界占有重要地位。

（1）丰富的生态系统和生物多样性

峨眉山具有平原、低山丘陵和中高山等不同海拔段（500~3099m）的丰富植被带，天然植被包括亚热带常绿阔叶林、常绿阔叶与落叶阔叶混交林、针阔叶混交林、亚高山针叶林和亚高山灌丛。峨眉山珍稀濒危的野生动植物种类丰富，不同海拔的植被带造就了不同的植物景观和美学特征。

在峨眉山风景区范围内，现已知拥有高等植物280科1271属3700种以上，约占中国植物物种总数的1/10，占四川植物物种总数的1/3。峨眉山特有种或中国特有种共有320余种，占全山植物总数的10%。仅产于峨眉山或首次在峨眉山发现并以"峨眉"定名的植物就达100余种。在动物方面，其区系特征与植物方面呈现的趋势大体一致。因峨眉山地理位置独特，垂直植被带谱和地形地貌造就了多样的微生境，峨眉山的动物也有复杂的区系成分和极高的丰富度。峨眉山目前有记录的动物超过2300种，其中，中国特有和以峨眉山为模式产地的动物超过150种，国家保护动物29种。

（2）独特的地质遗迹集萃

峨眉山是一座背斜断块山，西部隶属峨眉—瓦山断块带。地质史上中生代末期的燕山运动，奠定了峨眉山地质构造的轮廓。新构造期的喜马拉雅运动，及与其伴随的青藏高原抬升，形成了横亘连绵、层峦叠嶂、千姿百态的峨眉山以及形态丰富的地质断面和多样的地形地貌。峨眉山山峰极多，在不同形成条件下展现出不同的形态特征。

另外，峨眉山位于峨眉河、临江河和龙池河的上游，其主要河流有峨眉河的支流符汶河（含黑水、白水、黑水河）、虹溪河（含赶山河、瑜伽河）、临江河的支流张沟河、龙池河的支流燕儿河、花溪河的支流石河。玲珑小巧的溪涧和独具特色的瀑布，点缀在全山的森林之中，水体清澈，形态各异。

（3）历史悠久的佛教建筑

峨眉山的佛教寺庙创建于东汉，兴于唐宋，鼎盛于明清。据不完全统计，全山历代共建寺宇200余座，占峨眉山市寺庙（300余座）的70%以上，梵林宝刹遍布全山，不愧为佛教圣地。峨眉山寺庙建筑与其周围自然环境的和谐相融恰到好处，寺庙建筑与塑像、绘画等艺术形式相互衬托，感染力突出，具有较高的历史价值；成为峨眉山佛教文化的重要载体。

二、乡村发展对保护管理的影响

1. 人口增长和旅游服务设施过量建设

（1）多元的人口构成与人口压力

峨眉山风景区总面积为 154km²，大部分位于峨眉山市黄湾镇境内，黄湾镇下辖的 16 个行政村中有 11 个行政村位于峨眉山风景区范围内。峨眉山风景区内常住人口主要由两部分构成：一是黄湾镇下辖 11 个行政村的户籍常住人口共计 14613 人；二是长期居住在风景区内的管理人员、寺庙僧侣和学生（西南交通大学峨眉校区），共计 8042 人，包括乐山市公安局黄湾派出所、峨眉山景区林业分局、黄湾乡人民政府、名山道班、峨眉山市佛教协会、寺庙、黄湾学校、西南交通大学峨眉校区等机构（图 12-1）。2017 年风景区内常住总人口为 22655 人，人口压力较大（表 12-1）。

（2）旅游服务设施过量建设严重影响生态环境

从 20 世纪 80 年代起，峨眉山风景区进行了三次较大规模的退耕还林，人均耕地面积从 1.27 亩下降到 0.53 亩，同时森林资源、矿产资源的开发利

峨眉山风景区内11个行政村常住人口统计表（2017年）　表12-1

行政村名称	户数/户	常住人口/人	农业人口/人
报国村	994	2310	750
张坝村	599	1832	5
黄湾村	702	1379	53
新桥村	321	771	259
龙门村	372	1192	1172
万年村	597	1720	1682
大峨村	296	858	836
茶场村	240	757	742
茶地村	302	881	866
桅杆村	398	1129	1101
龙洞村	776	1784	1230

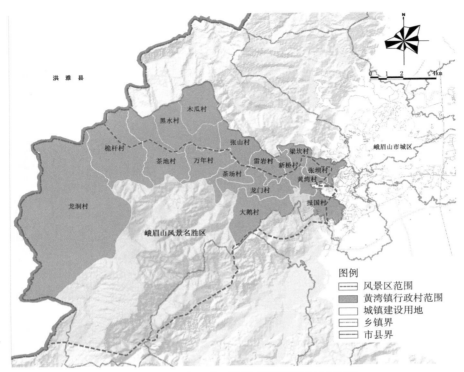

图 12-1　峨眉山风景区范围及黄湾镇行政村分布图

用受到限制，从此风景区内居民开始从农业转向旅游服务业。在个人、集体、国家几个方面一起上的旅游发展方针鼓励下，开始了另一种"靠山吃山"的生活方式。随着风景区内旅游就业岗位固化和饱和，部分风景区居民在没有其他就业扶持和产业引导的情况下，利用自有住宅改建、翻建的契机，迅速建设了大量农家乐。由于经营农家乐能带来巨大收益，风景区内有 600 多户居民通过加建、扩建房屋从事农家乐经营（图 12-2）。风景区内的 11 个行政村农村宅基地实测占地面积为 92.83hm^2，其中登记面积为 33.67hm^2，超建面积为 59.16hm^2（表 12-2）。

据统计，农家乐床位数从 1993 年的 5901 床增加到 2017 年的 16000 余床。居民在旅游服务设施建设过程中，不仅破坏了其所在区域的地形地貌和林木植被，同时每年产生达几千吨的固体废渣。此外，由于风景区乡村缺少集中的污水处理设施，大量游客在风景区内住宿对生态环境造成了较为严重负面

图12-2　峨眉山风景区内农家乐宾馆和污水直排现状

峨眉山风景区内11个行政村宅基地占地面积统计表　　　表12-2

行政村	宅基地实际占地面积/hm²	宅基地登记面积/hm²	超建比例/%
大峨村	10.82	3.96	1.73
茶地村	4.91	1.96	1.50
茶场村	4.83	1.99	1.43
龙洞村	20.29	6.17	2.29
龙门村	9.37	3.35	1.80
万年村	11.33	4.15	1.73
桅杆村	5.01	1.81	1.77
新桥村	3.29	1.41	1.33
张坝村	9.14	3.51	1.60
黄湾村	8.60	3.42	1.52
报国村	5.23	1.95	1.68
总计	92.83	33.67	1.76

影响。以 2017 年风景区内常住人口和旅游床位数为基数进行测算，风景区旅游旺季产生的污水量为 1938m³/日，其中经过普通化粪池处理的约占总污水量的 4%，经沼气池净化处理的约占总污水量的 2.5%，其余污水就近排入风景区的溪流、湖塘并最后渗漏到地下水中（图 12-2、表 12-3）。

峨眉山风景区旅游旺季产生的污水量测算[①] 表12-3

无集中污水处理设施乡村常住人口/人	无集中污水处理设施乡村旅游床位数/床	生活用水指标/［L/（人·日）］	最高日需水量/（m³/日）	最高日污水量/（m³/日）
12000	—	90	1080	918
—	10000	120	1200	1020
合计	—	—	2280	1938

2. 生态环境容量超载影响保护地价值

通过用地适宜性评价、生物多样性分析以及生态足迹测算等多种方法定量分析峨眉山风景区生态环境容量现状及其对自然生态保护的影响。

（1）建设用地规模远超适宜建设标准

将风景区用地划分为适宜、较适宜、一般、较不适宜和适宜五级评价。为确保建设用地安全，采取极值法进行评价，即选取不同因子属性的最大值为最终评价结果。经反复比对衡量，按表 12-4 所示进行叠加分析。

对风景区用地进行适宜性评价后发现，风景区适宜建设用地面积仅为 50.15hm²，较适宜建设用地面积 91.45hm²。根据峨眉山市规划部门提供的数据，峨眉山风景区内 11 个行政村现状建设用地为 243hm²，超载 101.48hm²，风景区内居民大量的建设诉求无法在风景区尤其是核心景区内通过原址重建得到解决。因此，可以认为峨眉山风景区自然条件优越，具有特殊的保护价值，但可拓展的建设用地有限，难以支持大规模的开发建设（表 12-5、表 12-6、图 12-3）。

---

① 峨眉山风景区内无集中污水处理设施的乡村包括报国村、张坝村、新桥村、龙门村、万年村、大峨村、茶场村、茶地村、桅杆村、龙洞村，这一区域约有常住居民 12000 人，旅游床位数 10000 床。生活污水排放系数取 0.85，生活用水指标参考《建筑给水排水设计规范》（GB 50015—2003）（2009 年版）。

峨眉山风景区用地适宜性评价指标表　　　　　表12-4

指标因子	因子名称	指标描述	指标评价
地形地貌	坡度	25°~90°	不适宜
		15°~25°	较不适宜
		8°~15°	一般
		0°~8°	适宜
	高程	大于1600m	较不适宜
		1000~1600m	一般
		500~1000m	较适宜
		小于500m	适宜
生态地质	地质灾害	灾害点	不适宜
		地质断裂带	不适宜
		其他地区	适宜
	生态敏感	高敏感	不适宜
		较高敏感	较不适宜
		中覆盖区	一般
		较低覆盖区	较适宜
		地覆盖区	适宜
	河流廊道	河流水面	不适宜
		核心廊道	不适宜
		缓冲廊道	一般
		其他地区	适宜

峨眉山风景区建设用地适宜性评价　　　　　表12-5

用地评价	面积/hm²	比例/%
适宜	50.15	0.31
较适宜	91.45	0.57
一般	992.39	6.19
较不适宜	4852.02	30.27
不适宜	10040.60	62.65

峨眉山风景区各行政村建设用地统计表（2017年） 表12-6

行政村	建设用地面积/hm²	常住人口/人	人均建设用地面积/m²
报国村	24.2	2310	104.76
张坝村	20.1	1832	109.72
黄湾村	24.5	1379	177.66
新桥村	5.4	771	70.04
龙门村	13.9	1192	116.61
万年村	27.2	1720	158.14
大峨村	17.6	858	205.13
茶场村	7.3	757	96.43
茶地村	11.3	881	128.26
桅杆村	8.2	1129	72.63
龙洞村	83.4	1784	467.49
总计	243.1	14613	166.36

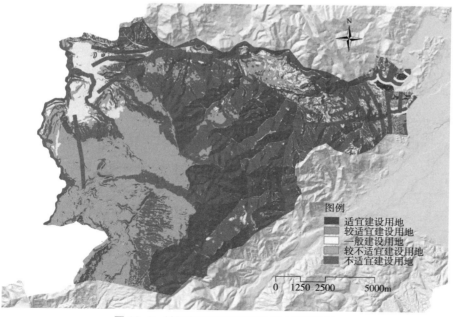

图 12-3 峨眉山风景区建设用地适宜性评价图

（2）人类活动区域与生物多样性丰富区域部分重合

峨眉山风景区内的植物、鸟类分布丰度格局显示，在海拔1000~1400m（即常绿阔叶林与常绿、落叶阔叶林的交界带）的中低山游览区是以特有物种为代表的生物多样性最为丰富的区域，生态环境也最敏感；但同时中低山游览区也是峨眉山风景区游客和常住居民最为集中的地带。生物多样性监测结果显示，中低山游览区内居民点和旅游服务设施密集建设、未经处理的废弃物排放、斑块状茶园以及人工林地种植等活动，降低了风景区的生物多样性承载能力和生态系统服务功能，并对生物多样性产生了威胁（图12-4）。

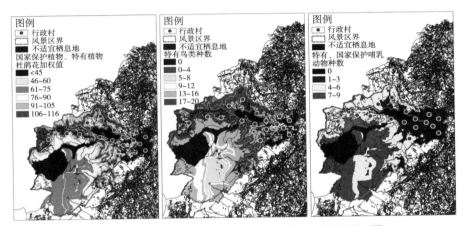

图12-4　峨眉山风景区生物多样性关键区域和乡村位置关系图

（3）风景区生态承载力超限

生态足迹（ecological footprint，简称EF）或称生态空间占用，是指在一定技术条件下，要维持某一物质消费水平下某一区域持续生存所必需的生态生产性土地的面积。其计算公式如下：[①]

$$aa_j = \sum \frac{C_i}{P_i} \qquad\qquad \text{式（1）}$$

$$EF = Nef = N \sum (aa_j EQF_j) \qquad\qquad \text{式（2）}$$

① 杜斌，张坤民，温宗国，等. 城市生态足迹计算方法的设计与案例 [J]. 清华大学学报（自然科学版），2004（9）：1171-1175.

式（1）中，aa_j 为第 j 类土地利用类型的生物生产性土地面积，C_i 为第 i 类商品的人均消费量，P_i 为第 i 类商品的全球平均生产能力。式（2）中，EF 为区域生态足迹总量，N 为区域人口数；ef 为人均生态足迹，EQF_j 为第 j 类土地利用类型的均衡因子。

本书以 2017 年峨眉山市人均生态足迹指标为测算标准，并将风景区内游客折算为常住当量人口，以此为依据测算风景区的总体生态足迹消耗。2017 年，峨眉山风景区游客量为 355 万人次，按平均旅游天数 1.2 日、可游天数 320 天测算，折算后当量常住人口为 1.33 万人；风景区内常住居民人口为 2.27 万人，两部分人口总计生态足迹为 23796ghm²。

峨眉山风景区内主要供给的生态生产性土地可分为耕地、林地、草地、水域和建设用地等五类。在计算生态承载力时除了需要乘以均衡因子以便转成统一的可比因子外，还要乘以相应的产量因子，并根据世界环境与发展委员会的建议，至少控制预留 12% 的生态容量以保护生物多样性。据此进行测算，峨眉山风景区的可利用生态承载力为 16539ghm²，低于 2017 年峨眉山风景区总计生态足迹，严重依赖其他区域的生态补给，处于不可持续发展状态（表 12-7、表 12-8）。

峨眉山市人均生态足迹[①] 　　　　　　　　　表12-7

土地类型	人均面积/（hm²/人）	均衡因子	人均均衡面积/（ghm²/人）
耕地	0.2025	2.82	0.5711
草地	0.0158	0.54	0.0085
林地	0.0041	1.14	0.0047
水域	0.2261	0.22	0.0497
建设用地	0.0057	2.82	0.0161
化石燃料用地	0.0141	1.14	0.0161
人均生态足迹	—	—	0.6661

[①] 由于缺少具体对游客衡量的指标，本书以峨眉山市人口为测量标准，根据相关研究计算游客与城市常住人口的转化量，以此为依据测算风景区的总体生态足迹消耗。

峨眉山风景区生态承载力　　　　　　表12-8

土地类型	总面积/hm²	均衡因子	产量因子	均衡面积/ghm²
耕地	130.12	2.82	1.66	609.12
草地	2.59	0.54	0.19	0.27
林地	15373.47	1.14	0.91	15948.44
水域	157.42	0.22	1.00	34.63
总建设用地	470.50	2.82	1.66	2202.50
生态承载力	—	—	—	18794.96
生物多样性保护（12%）	—	—	—	2255.39
可利用生态承载力	—	—	—	16539.56

3. 乡村旅游与保护管理间存在矛盾

（1）旅游经营空间固化与就业容量饱和

峨眉山风景区管委会向黄湾镇 16 个行政村的居民发放各类经营许可证，覆盖了全镇 44% 的家庭，5000 多人得到就业安置。近十年来，各类经营许可证分配格局未进行过较大的更新调整，风景区管委会面向社区的旅游经营生产基本固定，历史上没有获得经营许可证的居民在旅游发展过程中日益边缘化。

当前，风景区内滑竿线路已经有伏虎寺—广福寺线、洪椿坪—七天桥线、灵官楼—接王亭线、万年车场—慈圣庵线、五显岗—猴区线 5 条，低中高山区均有分布。风景区内摊点、商店、小吃摊点数量较多，主要集中分布在伏虎寺摊区、猴区、雷洞坪摊区、太子坪摊区、万年车场摊区、万年索道摊区，零公里车场摊区以及白龙洞、大河坝、杜鹃池、灵官楼、金龙寺等景点附近，就业容量相对较大。农家乐宾馆饭店则分布在报国村、万年村、龙门村、龙洞村、大峨村以及广福寺、金顶、雷洞坪等热门景点附近。猴粮销售集中在金顶景区和清音阁景区的猴区内，冰爪草鞋销售和大衣出租集中在金顶景区内的雷洞坪附近。近十年来，风景区内各类旅游经营项目空间固化，就业容量饱和（表 12-9、图 12-5）。

黄湾镇各类经营许可证统计表　　　　　　表12-9

经营许可证类型	个数/个	所占比例/%
滑竿	1005	34.8
摊点、商店、小吃	598	20.7
摄影	467	16.2
农家乐宾馆饭店	375	13.0
大衣出租	209	7.2
猴粮销售	130	4.5
冰爪草鞋	89	3.1
娱乐文化	14	0.5
总计	2887	100

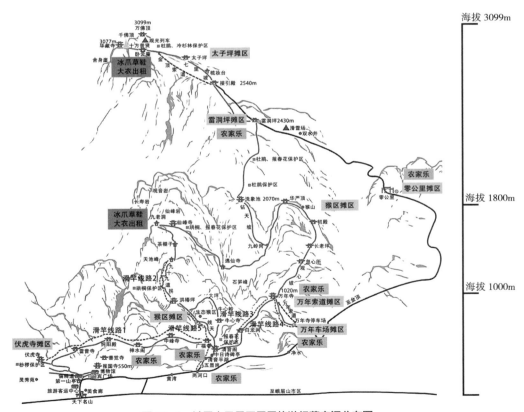

图12-5　峨眉山风景区居民旅游经营空间分布图

图片来源：根据四川省地方志编纂委员会.四川省峨眉山志［M］.成都：四川科学技术出版，1996：311.绘制

（2）旅游收益调节机制缺失造成乡村内部利益失衡

黄湾镇16个行政村的经营许可证覆盖比例存在较大差异，位于核心景区内的行政村经营许可证覆盖比例远高于风景区范围外的行政村；不同行政村居民主营的旅游项目也不尽相同（表12-10）。旅游就业的覆盖度和经营项目的差异，直接影响到居民收入。根据调研访谈，风景区从事滑竿、冰爪草鞋出租、摄影、导游、猴粮销售的年收入在2万~6万元；而经营农家乐的年收入从十几万元到上百万元不等，远远超过其他旅游经营项目，由于缺乏有效的利益调节机制，乡村家庭之间收入差距较大（表12-11）。

为了控制风景区内农家乐超量建设的趋势，常年来风景区管委会对居民建房申请采取了"一刀切"的限制，利用房屋开展农家乐经营的居民对其他居民的发展权益造成了实质性损害。根据调查，69.5%的受访居民认为旅游

黄湾镇16个行政村经营许可证分配情况以及主导经营类型分析　表12-10

空间分布		行政村	户数/户	经营许可证个数/个	经营许可证覆盖比例/%	主导经营类型
风景区范围内	核心景区范围外	报国村	994	231	23.2	农家乐宾馆、摊点
		张坝村	599	84	14.0	滑竿、摄影
		黄湾村	702	155	22.1	滑竿、摄影
		新桥村	321	143	44.5	滑竿、摄影
	核心景区范围内	龙门村	372	363	97.6	摊点、农家乐、摄影
		万年村	597	407	68.2	滑竿、摄影、农家乐
		大峨村	296	256	86.5	滑竿、摄影、农家乐
		茶场村	240	197	82.1	滑竿、摄影
		茶地村	302	172	57.0	滑竿、摊点
		桅杆村	398	262	65.8	滑竿、摄影、大衣出租
		龙洞村	776	231	29.8	摊点、冰爪、大衣出租
风景区范围外		梁坎村	102	14	13.7	滑竿
		雷岩村	139	127	91.4	滑竿、猴粮销售
		张山村	212	98	46.2	滑竿、摊点
		黑水村	339	105	31.0	滑竿、大衣出租
		木瓜村	217	42	19.4	摊点、大衣出租

峨眉山风景区内居民参与旅游经营项目年经济收入　　表12-11

经营项目	年收入
农家乐宾馆饭店	十几万元至上百万元
摊点经营、摄影、猴粮销售	4万~5万元
导游讲解	5万~6万元
滑竿	2万~3万元
冰爪草鞋、大衣出租	3万~4万元

数据来源：作者调查访谈。

发展只给少数人带来经济利益，社区内部认同碎片化和群体性失落的现象较为普遍。

（3）居民旅游参与模式及受益机制缺失

1984—1993年，经过几次大规模的综合整治，风景区居民在峨眉山风景区管委会的管理和引导下参与了旅游服务规范化经营，旅游就业的覆盖度较高。然而风景区内居民的旅游参与、受益机制存在明显的缺失。

第一，旅游参与以个人、家庭为单位，未能制定居民利益协调分配机制、未能建立起以黄湾乡、各行政村为单位的集体旅游联营公司，因此随着风景区内旅游空间固化和就业岗位饱和，居民之间贫富差距日益增大，部分居民丧失了旅游发展机会。

第二，旅游经营以个人、家庭为单位，经济体量弱小、经营成本高、经营能力弱、无序竞争严重，没有能力对旅游资源进行深度开发，无法提供高附加值、优质的旅游产品，旅游经济效益低下的问题始终存在。

第三，居民内部的既得利益者在旅游决策中拥有较大的话语权，其他居民缺少公平参与决策的机会，既得利益者侵占和挤压了其他居民的发展空间。

第四，旅游经济发展反哺了每个家庭，但乡村的整体建设滞后，公共产品供给不足，在缺乏政府有效引导的时候，整体福利增加较为缓慢。

根据调查，受访居民中没有开展经营活动的占38.1%，其中因为管委会不允许的占24.7%（图12-6）；71%的受访居民认为风景区管委会管控过严，使乡村的建设和发展变得困难。

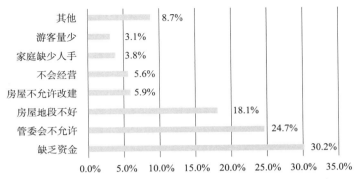

图 12-6　峨眉山风景区居民没有参与风景区旅游经营的原因调查

4. 零和博弈状态下乡村社区增权的局限性

（1）社区旅游发展与管理机构之间形成"零和博弈"①

过去的一段时间里，峨眉山风景区管委会在旅游旺季经常接到游客对无证导游拉客、宰客、吃回扣等行为的举报，为了维护峨眉山风景区的旅游经营秩序，风景区管委会计划成立峨眉山旅游股份有限公司。这一举措本意是规范风景区的导游服务，为游客提供便利，然而根据新闻报道，"新成立的峨眉山讲解旅游服务公司对所有的散客进行一条龙服务，形成了事实上的垄断，以往参与旅游各环节经营的风景区居民一下子没了生意"，②由此引发"峨眉山居民维权事件"。

在峨眉山，游客如果聘请的是峨眉山的正规导游，那么游客会在正规导游的带领下，乘坐峨眉山旅游股份公司经营的游山巴士和索道，在定点的饭店和旅游纪念品商店消费，形成一整套固定的观光游程。而如果游客聘请的是"无证"的村民导游，则会在村民导游的带领下，坐滑竿、吃农家饭、住农家乐宾馆、采购村民销售的土特产，这不仅是一条游线，更是一条关联着诸多本地旅游从业者的旅游产业链。两种不同的模式决定了旅游经

---

① 按照支付特性的不同，可将博弈分为零和博弈与非零和博弈。如果一个博弈在所有各种对局下全体参与人之利益总和总是保持为零，这个博弈就叫零和博弈。这类博弈不存在合作或联合行为，博弈双方的利益严格对立，一方所得意味着存在另一方的等量损失，即俗话说的"一方吃掉另一方"。（郭华. 制度变迁视角的乡村旅游社区利益相关者管理研究［D］. 广州：暨南大学，2007.）

② 李晓东，危兆盖，雷建. 山与山民缘何起纠纷：峨眉山景区村民"堵路风波"调查［N］. 光明日报，2014-07-01（05）.

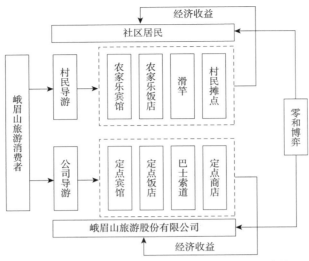

图 12-7　峨眉山风景区管理机构与居民旅游经营零和博弈关系图

营收益是留在了社区内部还是流向了外部，风景区居民与管理机构在旅游经营中形成了事实上的"零和博弈"关系，即"这类博弈不存在合作或联合行为，博弈双方的利益严格对立，一方所得意味着存在另一方的等量损失"（图 12-7）。[①]

（2）社区增权的现实局限性

"峨眉山风景区居民维权事件"发生后，乡村居民代表提出了 9 条诉求，按照斯彻文思（Scheyvens，1999）的理论，可分为经济增权诉求 6 条——居民享有风景区门票 20% 的分红、扩建风景区内停车场、保障居民一户一证（旅游经营许可证）、发放林权证、发放地震救灾款和林地补偿款、取消风景区内学生上学往返班车费用；社会增权诉求 2 条——保障居民老有所依老有所养，完善景区内居民交通车的管理（准点准时发车，特殊情况可随时调车）；政治增权诉求 1 条——管委会职工除主要领导外必须聘用风景区居民；无心理增权诉求。

风景区居民在此次博弈过程中，仍未能建立完善的社区参与旅游机制，未能落实居民最为关心的宅基地建设管理政策，未能建立社区与管委会的沟

———————————
① 郭华. 制度变迁视角的乡村旅游社区利益相关者管理研究［D］. 广州：暨南大学，2007.

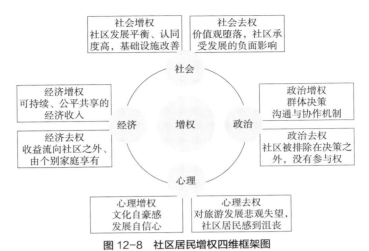

图 12-8　社区居民增权四维框架图

图片来源：根据 SCHEYVENS R.Ecotourism and the empowerment of local communities［J］.
Tourism management，1999.20（2）：245-249 绘制

通协调机制。缺少政治增权和心理增权的制度建设，社区参与的主体性未得到加强，这也充分暴露出现实中社区增权的局限性，正如学者周晓虹在研究转型时期中国农民的社会心理时指出，"农民在远期和当下利益的取舍上，往往选择后者，他们拥有的社会资源和权利极其有限，只能抓住眼前"[①]（图 12-8）。

三、"协同发展"理念下规划的思路和策略

1. 总量缩减，疏解超载人口和旅游服务设施

（1）"以水定人"，确定常住居民人口规模

"以水定人"主要针对分布在峨眉山山区、无法通过工程供水解决日常生活用水的居民，这部分居民生活用水全部使用地表径流。根据水生态承载力计算，风景区内山区超载 6426 人，其中水生态承载力严重不足的乡村为龙

---

① 周晓虹. 转型时期中国农民的社会心理：昆山周庄镇和北京"浙江村"的比较研究［M］// 贾裕德. 现代化进程中的中国农民. 南京：南京大学出版社，1998.

门村、大峨村、万年村和张坝村，如需解决水生态承载力不足的问题，需疏解风景区内尤其是核心景区内的常住人口并减少旅游床位数，恢复风景区的生态环境（表12-12）。

水生态承载力计算公式如式（3）、式（4）[1][2]：

$$水资源总量：R_e = H_N \times 10^{-3} \times K_R \times A_H \quad 式（3）$$
$$人口合理规模：N = (R_e \times a) / R_p \quad 式（4）$$

其中：H_N：峨眉市区年平均降水量1555.3mm；

R_P：2017年峨眉山风景区居民人均全年用水量453m³；

K_R：径流系数取0.1（考虑植被优良）；

a：水资源合理利用率40%。

峨眉山风景区山区行政村水生态承载力计算　　　　　　　表12-12

行政村名称	现状常住人口/人	现状旅游床位数/床	旅游当量人口/人	总人口规模/人	水资源可承载人口/人	超载人口/人
茶场村	757	60	36	793	373	420
茶地村	881	100	60	941	1132	-191
大峨村	858	1200	720	1578	924	654
龙门村	1192	1300	780	1972	631	1341
万年村	1720	2000	1200	2920	616	2304
桅杆村	1129	60	36	1165	1657	-492
新桥村	771	10	6	777	250	527
张坝村	1832	300	180	2012	333	1679
龙洞村	1784	2000	1200	2984	2800	184
总计	10924	7030	4218	15142	8716	6426

（2）因地制宜，分类制定居民点调控政策

规划针对不同居民点的自然条件、发展状况、搬迁意愿等因素确定不同的调控类型。其中搬迁型居民点包括雷岩村、梁坎村、张山村三个行政村。

---

[1] 王群，章锦河，杨兴柱. 黄山风景区水生态承载力分析［J］. 地理研究，2009，28（4）：1105-1114.
[2] 张远，周ılı文，杨中文，等. 水生态承载力概念辨析与指标体系构建研究［J］. 西北大学学报（自然科学版），2019，49（1）：42-53.

由于这些乡村经济发展较为落后，交通条件不便，生活必需的基础设施匮乏且建设成本较高，生活条件较为艰苦。对这类村庄应进行深入细致的调查分析，编制村庄整治规划，以确定搬迁范围、搬迁时序、风貌改造、景观恢复和经济发展等具体要求。

缩减型居民点包括报国村、茶场村、茶地村、大峨村、黑水村、龙门村、木瓜村、万年村、桅杆村、新桥村。这些居民点全部或部分村组均位于生态敏感性较高且资源价值较高的区域，生产生活和接待服务设施建设对环境的影响较大，因此规划予以搬迁。对这类乡村应进行深入细致的调查分析，编制村庄调控规划，确定搬迁时序、景观恢复等具体要求。

将未来作为旅游服务基地且现状用地条件较好的乡村规划为聚居型村庄，包括黄湾村、龙洞村、张坝村三个行政村。这类居民点应严格按照风景区详细规划的控制指标进行控制，居民点建设应节约用地，完善基础设施，可结合旅游服务设施建设安置部分外来搬迁村民，并对本行政村部分偏远的村组迁村并点，建设集中安置区。规划黄湾镇常住人口从 18318 人缩减至11250 人，减少约 38.6%（表 12-13、图 12-9）。

黄湾镇各行政村规划常住人口一览表　　　　　表12-13

行政村	区位	现状人口/人	规划人口/人	调控类型
报国村	风景区内	2396	2000	缩减型
茶场村	风景区内	768	500	缩减型
茶地村	风景区内	919	300	缩减型
大峨村	风景区内	908	300	缩减型
黑水村	风景区外	673	450	缩减型
龙门村	风景区内	1249	700	缩减型
木瓜村	风景区外	1154	300	缩减型
万年村	风景区内	1759	800	缩减型
桅杆村	风景区内	1194	700	缩减型
新桥村	风景区外	807	500	缩减型
黄湾村	风景区内	1414	1400	聚居型
龙洞村	风景区内	1867	1600	聚居型

续表

行政村	区位	现状人口/人	规划人口/人	调控类型
张坝村	风景区内	1892	1700	聚居型
雷岩村	风景区外	330	0	搬迁型
梁坎村	风景区外	431	0	搬迁型
张山村	风景区外	557	0	搬迁型
合计	—	18318	11250	—

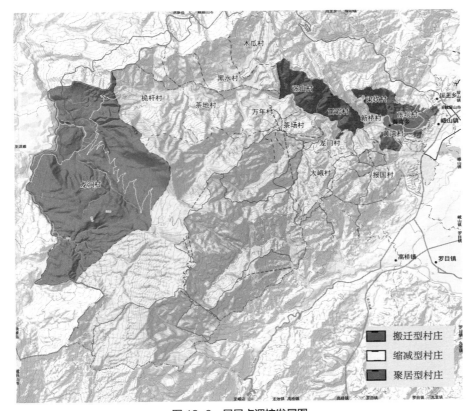

图 12-9　居民点调控发展图

2. 山城一体，重构公平共享的旅游发展空间

（1）构建风景区内宅基地有偿退出机制

峨眉山风景区内大部分居民的旅游就业不依赖于在风景区内的房屋，具有外迁的可能性。以旅游型乡村大峨村为例，大峨村参与旅游就业的人口

为 284 人，占总人口的 33.93%，其中 83.09% 的旅游就业人口主要从事非农家乐经营，对风景区内房屋的经济依赖程度低。居民在峨眉山从事滑竿、摄影、导游、驯猴、摊点经营工作均采取轮班制，一周一轮换或者一月一轮换，无需每日出工，居民即使搬迁至风景区外，他们的日常旅游就业也不受影响；同时部分居民在风景区外务工，住在大峨村上班通勤反而不方便（图 12-10）。

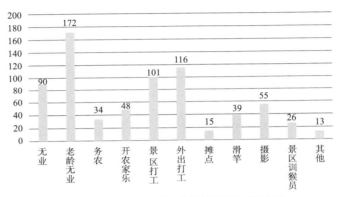

图 12-10　峨眉山风景区大峨村职业构成柱状图

大峨村共有 18 岁以下青少年儿童 128 人，占总人口的 15.3%。根据对大峨村居民的访谈，风景区内的教育设施只有黄湾幼儿园和黄湾小学，部分小学及全部初高中适龄儿童只能去风景区外的峨山镇、峨眉山市区就学，家长为了陪读必须在风景区外租房，每年花费 0.8 万 ~1 万元，这一现象在整个峨眉山风景区内较为普遍。大峨村共有 60 岁以上老人 172 人，占总人口的 20.5%，由于风景区内缺少医疗设施，老人生病得不到及时治疗，导致病情恶化。这类居民搬迁至风景区外，有利于子女就学和老人就医。此外，还有部分位于地质灾害点、迫切希望改善居住条件的居民，根据 2018 年风景区管委会以及黄湾镇镇政府入户调查的统计数据，共有 1237 户共 3853 名群众自愿"下山"。

基于此，以《四川省城乡建设用地增减挂钩试点管理办法》《四川省城乡建设用地增减挂钩节余指标流转管理办法》《峨眉山风景名胜区黄湾乡农村产权制度改革试行办法》为制度框架，针对风景区内自愿"下山"搬迁的居民，实施城乡建设用地增减挂钩项目，拆除风景区内宅基地，在风景区外新建居民安置区，结余建设用地指标和耕地占补平衡指标交易后产生的收益定向返还给搬迁居民及其所在村集体。风景区内宅基复垦为林地后可参照耕地占补平衡指标在省内进行交易，通过制度创新引导宅基地复垦后优先恢复生态功能，扩大城乡建设用地增减挂钩制度在自然保护地方面的政策应用。

（2）制定完善的"下山"居民发展保障措施

规划构建"山城一体"的体制机制，在风景区外围安置片区内应留足集体经营性建设用地，可以由村集体主导经营，亦可与其他投资主体开展股份制合作，保障"下山"居民有稳定的旅游经营空间和收益来源；安置区选址、住房建设、土地互换、结余城乡建设用地指标收益分配等应依法举行听证论证，并由参加人员确认结果，确保下山居民公平受益（图12-11）。搬迁后仍保留居民在风景区内的旅游就业岗位；针对自愿农转非居民应尊重其意愿办理基本养老保险或一次性货币补偿参保费。通过以上措施令"下山"居民拥有"一份股权、一份稳定工作、一份固定收入、一份养老保险"。

（3）以乡村旅游合作社为平台协调多元利益主体

依据《四川省人民政府办公厅关于大力发展乡村旅游合作社的指导意见》，"乡村旅游合作社是农民合作社的一种类型，是广大农民按照合作社的原则和规章制度，自愿联合，民主管理，通过开展旅游服务共同分享收益的

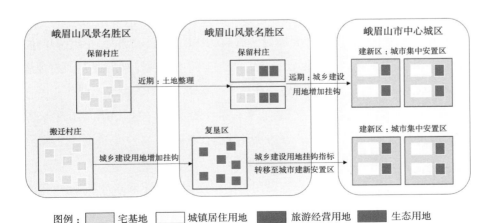

图例：　▨ 宅基地　□ 城镇居住用地　◼ 旅游经营用地　■ 生态用地

图12-11　峨眉山风景区城乡建设用地增减挂钩项目实施示意图

新型经济组织"。峨眉山风景区内保留村庄可开展土地整理，增加集体经营性建设用地，同时引导居民以闲置房屋、林权等作价入股乡村旅游合作社，实现资源变股权。合作社对居民的旅游经营活动进行统一协调、统一管理、统一宣传营销，从而"构建良性互动的旅游空间生产关系"。[①]

乡村社区在参与旅游发展的过程中，面临的是多元复杂利益主体之间的博弈，以政府为主导的经营模式、以资本为主导的输入式开发模式所造成的利益相关者之间的冲突日益显现。"旅游空间生产的包容性发展理念强调协调强势主体与弱势主体之间的发展权利，促进居民共享旅游的发展成果"。[②]基于此，以包容性发展为导向，制定包容性的社区发展目标，优选适宜乡村复杂性和地域性特征的旅游发展模式，包括乡村旅游合作社＋农户、村集体主导＋农户、公司主导＋农户、公司＋村集体股份合作制等，并在实践过程中"识别多元利益主体的内在结构，借助不同层级的决策网络组织进行公平与效率均衡的开发与管理"，[③]形成共商、共建、共营、共享的发展格局。

（4）完善的乡村建设与旅游经营管理办法

对于未搬迁的居民，规划应严格控制保留人口的规模、经营规模和后续房屋建设，严格禁止个人和集体新建农家乐设施，新增人口宅基地在风景区外解决。未搬迁居民必须在进行建筑风貌整治、违章建筑拆除和污水处理设施配套建设后，方可在风景区内继续居住和经营；每户旅游床位数不宜超过12床，否则需缴纳风景资源有偿使用费。建立完善的环境监测机制，谁污染谁治理，污水处理达标后方可排放，生活垃圾应分类收集、集中处理。

针对在风景区内经营各类宾馆、旅店的居民，建议以村民小组为单位，在经过综合生态承载力测算、用地适宜性评价和房屋适宜性评估后，在风景区内适当保留和整合部分旅游接待用房，交由村集体或村民联合体进行统一经营，居民以旅游床位数、资金、技术入股并参与分红。居民在风景区内经营，在安置区内居住，对风景区内居民点的规模控制和功能控制得以实现。

---

① 郭文. 旅游空间生产理论探索与古镇实践［M］. 北京：科学出版社，2015：86.
② 郭文，王丽，黄震方. 旅游空间生产及社区居民体验研究：江南水乡周庄古镇案例［J］. 旅游学刊，2012，27（4）：28-38.
③ 孙凤芝，许峰. 社区参与旅游发展研究评述与展望［J］. 中国人口·资源与环境 2013，23（7）：142-148.

搬迁居民属于生态移民，应遵循群众自愿、政策保障、生态移民与生态建设相结合等原则，确保生态移民群众生产生活正常有序、安置稳定。安置用地的指标和位置应在峨眉山市国土空间规划中得以明确和确定，并专项使用。搬迁居民在林地确权、颁证后，其林地所有权和使用权均受国家法律保护，与是否搬迁出风景区无关。鼓励政府与村集体、居民平等协商，由国家赎买集体和个人林权。对在风景区内从事抬滑竿、旅游纪念品销售、照相、贩卖猴粮、保洁、保安等工作的居民，搬迁后仍保留其在风景区内的旅游就业岗位和营业摊点。

3. 增权赋能，提升乡村社区居民的经济发展权能

社区增权又称社区赋权，指通过公共政策、经济制度、教育培训、文化培育，改善弱势群体的旅游发展权益。[①]

（1）构建社区与生态利益相关者和谐共生的关系

"社区参与旅游发展是指在旅游发展的决策、开发、规划、管理、监督等过程中，充分考虑社区的意见和需要，并将其作为主要的开发主体和参与主体，以便在保证旅游可持续发展方向的前提下实现社区的全面发展"。[②] 它强调群众自主参与项目政策制定、实施、监督、评估等全过程，强调当地群众是社会经济发展和资源利用的主人，要在外来者的指导和帮助下，培养自我发展的能力，形成自我意识，自主解决发展中面临的问题。

参与式发展理论是指通过一系列正规和非正规机制直接使公众介入决策，培育公众对发展的"拥有意识"或"主人翁意识"以及实现"发展的可持续性"。近年来，比较具有代表性的方法是基于社区的自然资源管理（community-based nature resource management，简称 CBNRM），许多研究者认为生物多样性减少的根源是社区居民对保护地负面影响的敌对态度，因此可选择的协调方式就是给居民提供经济激励和参与决策的机会。这一理论对协调风景区内居民与生态利益相关者具有较强的指导意义，通过基于社区的自然资源管理方法，在保护制度、排污标准、有序经营方面建立居民的制度共

---

① SCHEYVENS R. Ecotourism and the empowerment of local communities [J]. Tourism, 1999, 20（2）: 245–249.

② MURPHY P. Tourism: a community approach [M]. New York: Methuen, 1985.

识，提升生态系统的稳定性和保护生态利益相关者的发展权益。同时社区居民经培训后掌握了遗产地内自然资源的相关信息后，可有选择性地开展旅游经营活动和农业种植活动，自下而上地优化风景区内的产业结构和产业空间布局，保障生态利益相关者的发展空间。此外，风景区管理机构应定期通过监测、评估等手段来确保生态环境质量，提升生态环境治理能力，减少社区居民建设活动对生态利益相关者产生的干扰。

（2）基于生态补偿制度提升社区的经济权能

2018年，国家九部委联合印发了《建立市场化、多元化生态保护补偿机制行动计划》，在此基础上明确生态补偿主体、补偿范围，推进生态补偿标准制定，[①] 长效的生态补偿机制和可持续的生态补偿资金可有效缓解自然保护地范围内乡村旅游发展与生态保护的矛盾，引导乡村提供优良的生态旅游产品。

"从物权视角来看，乡村旅游地的开发实践无异于是在乡村原有的先在权能基础上，由政治权力和旅游资本强制嵌入地役权空间权能的行为过程……这是乡村旅游地空间剥夺或空间不正义问题产生的制度根源"，[②] 因此以自然资源统一确权登记为基础，在物权上保障了乡村在旅游发展方面的资源环境权和资源收益权。未来，可在风景区乡村内探索生态资源价值评估方法、自然资源有偿使用制度和特许经营收益分配机制，在旅游中推动自然资源生态产品的价值实现和资产化管理。

《风景名胜区条例》规定了风景名胜区的两种主要资金来源，即景区门票收入和风景名胜资源有偿使用费。峨眉山管委会相关文件规定，从2015年1月1日起，每年从景区门票总收入中按照一定的比例提取风景名胜区资源有偿使用费作为峨眉山旅游风景资源保护基金。由于黄湾镇居民在历史上共同开展了退耕还林，共同承担着保护风景区生态环境的责任，承受着旅游活动带来的经济、社会文化和环境等方面的负面影响，因此建议对黄湾镇全域进行生态补偿。

---

① 谭丽萍，徐小黎，李勇，等. 自然资源资产管理视角下的生态补偿机制思考 [J]. 中国国土资源经济，2019，32（11）：36–40.
② 王维艳. 乡村旅游地的空间再生产权能及其空间正义实现路径：地役权视角下的多案例透析 [J]. 人文地理，2018，33（5）：152–160.

依据《风景名胜区条例》，风景名胜区的门票收入和风景名胜资源有偿使用费应当专门用于补偿风景名胜区内财产的所有权人、使用权人的损失。近期，建议整合峨眉山风景区新农村建设专项补助资金和其他资金，作为居民的专项生态补偿资金，并制定《峨眉山风景名胜区居民生态补偿资金和养老补助费发放管理办法》。给予黄湾镇居民每人每年按照一定金额的门票分红；远期，应建立自然资源资产评估制度，制订更为科学合理的居民生态补偿机制。

（3）开展面向全体居民的观念培育和技能培训

加强对本地居民的观念培育，使他们真正了解峨眉山的文化与资源价值。发挥当地居民对乡土熟悉的优势，向外来游客宣传和展示当地的农耕文化、生活习俗、旅游纪念品制作技艺等，提升居民的文化自信。由村庄发展与管理办公室、科研机构、村委会、居民代表一起商定风景区内居民培训的制度和内容。对当地居民定期开展环境教育、旅游服务技能、经营管理技能等培训，提高居民的人力资本质量，使其真正有效参与旅游发展。从门票和集体经营收益中拿出来一部分作为专项公益基金，对弱势群体进行专项扶贫和旅游技能培训，并在旅游贷款和旅游承包方面给予优先考虑。

根据笔者对大峨村居民的入户访谈，当地居民最迫切获得的职业技能包括特色农产品种植、摄影、餐饮、导游等（图12-12）。可由乡村旅游协调发展办公室与村委会、居民代表、教育机构一起制订风景区内的居民培训制度，定期开展旅游服务培训。

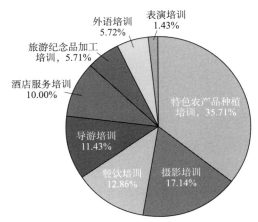

图 12-12 峨眉山风景区大峨村居民职业技能培训需求调查

第十三章
札达土林——"协同发展"理念下社区复合功能建设规划实践

一、现状概况

1.地理区位

　　札达土林所在的札达盆地地处西藏自治区阿里地区西南部的札达县，南隔喜马拉雅山脉与印度交界，北靠阿依拉日居山与噶尔县相接，东邻普兰县，西抵克什米尔。札达盆地内现有土林—古格国家级风景名胜区、札达土林国家地质公园和札达土林省级自然保护区等多种自然保护地类型，三者交叉重叠。2015年，土林—古格风景名胜区被列入世界遗产预备清单。根据在编的《西藏土林—古格风景名胜区总体规划（2018年版）》，土林—古格风景名胜区（以下简称"风景区"，）面积862.94km^2。

2.保护对象和资源特色

　　（1）辽阔壮观的高原河谷盆地

　　札达盆地位于喜马拉雅山脉和阿伊拉日居山脉之间，从雪山到夷平面，再到象泉河谷，构成了完整壮观的高原河谷盆地景观，是札达土林形成区域的地质环境要素。整个谷地长约240km，宽度为37~55km，最宽处达60~70km。盆地边缘的雪山常年积雪，圣洁巍峨。夷平面的海拔为4400~4500m，开阔辽远，高山草甸夏季牛羊成群，冬春雪域覆盖。位于盆地中部的象泉河在开阔处蜿蜒流淌，在深切到基岩的区域激荡湍急，河谷两侧形成的基岩地貌崔嵬壮观（图13-1）。

图 13-1　札达土林地貌

（2）稀有奇特的古生物化石

风景区内的粉沙土中有大量动物和植物化石，植物化石如植物树干，动物化石如三趾马、小古长颈鹿的化石。这些古生物化石反映了北喜马拉雅地区古生态和气候的变迁，具有很高的科学研究价值。

（3）规模宏大的高原牧场

风景区内镶嵌着块块高山草甸，以宗那嘎牧场为代表。其地势平坦、规模宏大，是高山草甸生长的最佳地带。每当春夏牧草旺盛的季节，一望无际的草场点缀着成群牛羊，形成了一幅壮美的自然景观。

（4）丰富多样的高原动植物

风景区地跨三个主要的植被带。其中，亚高山草原植物带分布于河湖相沉积面以上及漫蚀较弱的坡谷地带，海拔在4500m以上，植物种类有沙生针茅、固沙草、垫状驼绒藜、锦鸡儿、木亚菊等，其中针茅、锦鸡儿多以灌丛形式生长。山地荒漠植物带分布于地下水排泄基准面以上的侵蚀地貌区，也是土林发育区，植物种类有固沙草、猪毛菜、叉枝蓼、匹菊、山莨菪。草甸沼泽植物带分布于地下水排泄面以下，象泉河及支流河谷漫滩地，主要植物有沙棘、秀丽水柏枝、锦鸡儿、木亚菊、匹菊。风景区内的野生保护动物种类主要包括藏野驴、野牦牛等国家一级保护动物，猞猁、藏原羚等国家二级保护动物；还有狼、蜥蜴、野兔等野生动物；象泉河里还生长有裂腹鱼。

（5）神圣庄严的藏传佛教寺庙和遗址

古格王国政权稳定后，大力兴佛，成为藏传佛教"后弘期"复兴运动的中心。至今仍保留着数量众多、气势恢宏的佛教寺庙和遗址，反映了藏传佛教在阿里地区演变的过程，体现了独特的历史价值和艺术价值。其中，托林寺是古格王国的佛教中心，也是上路弘法的源头之一。该寺位于今札达县城，南以土山为屏，北临象泉河。托林寺原有建筑规模较大，包括朗巴朗则拉康、拉康嘎波、杜康等三座大殿，及近十座中小殿，以及堪布（寺院住持）私邸、僧舍、经堂、佛塔、塔墙等建筑。除托林寺外，还有热布加林寺、玛那寺、卡孜寺等始建于古格王国时期的佛教寺庙或遗址。①

（6）别具一格的古格流派艺术作品

古格王国的壁画和雕刻等艺术作品，继承和弘扬了藏族优秀的民族艺术传统，同时吸收和融合了多种外来艺术的精髓，形成了别具一格的艺术风格。特别是古格壁画艺术，具有极高的历史价值和艺术价值，对整个藏区乃至藏文化圈的壁画艺术都产生了极其重要的影响。保存较好的古格壁画包括古格王国遗址壁画、托林寺壁画、东嘎壁画等。② 这些壁画成为我们了解古格王国兴衰变迁的历史记录。

二、社区发展现状和特征

1. 社区基本情况

札达县第一产业以农牧业为主。全县耕地面积691.47hm²，农作物播种面积570.15hm²，粮食播种面积382.02hm²，粮食总产量936.16吨，平均亩产326斤。札达县以种植青稞、春小麦、大麦、荞麦、豌豆、蚕豆等粮食以及油菜籽和

① 李寅.西藏札达土林［J］.资源与人居环境，2018（10）：24–35.
② 格桑益希.阿里古格佛教壁画的艺术特色［J］.云南艺术学院学报，2002（1）：42–47.

青饲料为主，海拔 3800m 以下地区生长有杨树、柳树、苹果、核桃等乔木树种。札达县利用河谷小气候区，在托林镇和部队农场种植有马铃薯、白菜、萝卜、黄瓜、花菜、辣椒、茄子、青笋、西红柿等，成为阿里地区重要的蔬菜、水果基地。畜牧业以牧养绵羊、山羊、牦牛、犏牛、黄牛、马、驴等为主，牲畜出栏率为 21.1%。牧业产品主要有肉类、奶类、羊毛、羊绒和各类皮张。

由于受到气候条件恶劣、交通不畅、服务设施不完善等方面的制约，札达县的旅游发展尚处于起步阶段。据统计札达县游客量年平均约为 10000 人次，占阿里地区游客量的 5.29%，整体规模较小；游赏时间集中在气候条件较好的 5—10 月，淡旺季旅游格局明显。目前客源市场主要以国内中远程客源为主，大多来自经济发达的地区，县内及周边地区游客为辅。游客年龄以中青年为主，主要与亲友或同事结伴出行，以汽车自驾为主要的交通方式。

风景区范围内共涉及托林镇、达巴乡和香孜乡 3 个乡镇 12 个居民点，总人口 1064 人（表 13-1）。

风景区居民点一览表　　　　　　表13-1

乡镇名	行政村	村民/居民小组	人口规模/人	相关景区或独立景点
托林镇	托林居委会	札布让组	151	象泉河景区
	波林村	多香、玛朗	187	玛那、多香城堡景区
	东嘎村	东嘎、皮央	129	东嘎皮央独立景点
达巴乡	曲龙村	4 个村民小组	449	曲龙银城独立景点
	达巴村	3 个村民小组	148	达巴遗址独立景点
香孜乡	香孜村	香孜	—	香孜古堡独立景点
合计	—	—	1064	—

2. 社区发展特征

（1）社会经济发展较为困难

随着牧业的发展，风景区内的居民积累了较为丰富的经营、生产和饲养经验，并逐步形成了划分夏季和冬季草场的放牧方式，局部地区开始储草过冬。风景名胜区内主要生长温性荒漠草原类植被，分为 A、B 两个植被带。其中 A 带植被的总覆盖率为 15% ~ 50%，平均亩产鲜草 113.1kg，需要 40.13 亩草地养一只绵羊。B 带总覆盖率不足 15%，平均亩产鲜草约 38.9kg，需要 101.12 亩草地才能养一只绵羊，因此牧业发展受自然环境严重约束。风景名胜区内由于水利设施缺失、土壤肥力不够、海拔气候等原因，农业发展极其缓慢。

（2）社区与资源联系紧密

风景区内的居民点选址在象泉河及其支流（达巴曲、玛那曲、夏哇热阿曲、香孜曲）的宽谷漫滩地或河谷高阶地上，充分体现了"立于广川之上，高勿近阜而水用足"的选址思想；同时河谷内的气温比较适合植物生长发育。早期居民的住房以洞穴为主，后逐步发展为固定住房。

风景区周边区域冰川发育分布广，地表水及地下水蕴藏较为丰富。风景区内居民以冰川融水与降雨作为冬、春季草场灌溉及人畜饮水的主要水源，同时辅以山麓冲积扇下部边缘的泉水，各类用水较为充足。札达盆地内的社区居民点展现出与自然环境高度融合的特征，古格王国时期均一直选择在河谷低地临近河流或泉水出露的地段，现有的社区居民点距离古格时期的遗址也较近。多香组、东嘎组分别位于多香遗址和东嘎石窟遗址山脚。这种分布特点也体现出与文化资源空间分布上的高度联系。

（3）社区文化价值突出

风景区内深受象雄文化影响，民俗与苯教仪轨相似，当地居民大多信奉佛教或苯教，日常生活都保留着转经、献玛尼石等宗教传统。饮食方面主食多为青稞制作的糌粑、小麦制作的面粉、风干牛肉、酥油茶、青稞酒、酪糕（用奶渣、酥油、蕨麻粉盒糖制作的一种食品）。主要的节日有望果节、沐浴节和噶尔恰钦盛会等。传统服饰的基本特点为长礼袖、宽腰、搭襟、肥大、直线宽边，色彩对比强烈，以粗线毛呢（氆氇）为藏服原料。[①]

由于生产方式的区别，农区和牧区的房屋差别较大。农区的房屋为平顶立体，屋顶四角插有经幡，采用石块或土砖砌墙，墙厚窗口小，具有夏凉冬暖的特点。门框周边及窗户框四周涂黑色颜料，以利于房间采暖。建筑结构为二层楼房，一层饲养牲畜，放置饲料、农具和马匹等，二层住人。农区居民点附近的河流沟谷内生长的红柳灌丛，常被居民挖出晾干用作燃料，并且

---

① 程学飞. 甘丹颇章时期西藏工艺美术研究［D］. 拉萨：西藏大学，2017.

叠放在房屋墙四周，用于防雨防雷。牧民住的以黑色牦牛毛编织的帐篷，具有防风、防雨、防尘的作用。居民点景观风貌与周围环境和谐融洽。

风景区是阿里地区藏族民间歌舞的主要发源地之一。其中最具代表性的舞蹈为果谐舞和宣舞。果谐舞主要流传于农区，是一种规模比较大的野外圆圈舞，表演人数不限，多时可达上百人，舞蹈时不论性别手拉手形成圆圈，初始以较慢的节奏轮流边唱边舞，后节奏逐渐加快。歌唱时采用叙述或对歌形式，歌词赞美自然风光。果谐舞唱跳不受时间和季节的限制，除节庆或重大祭祀活动外，日常闲暇时人们也可以随时集聚舞蹈。古格宣舞距今已有1000多年的历史，每逢节日庆典时表演。分为持鼓起舞和戴面具起舞，舞者身着具有鲜明特色的民族服饰，以珍珠、玛瑙、象牙、琥珀等装饰。[1][2]

（4）社区具有参与管理旅游的条件和必要性

从管理角度看，风景区尚未设立管理机构，也没有旅游企业参与旅游项目经营。风景区内地域广阔，人口稀少，仅靠管理部门很难完成巡视、监测等重要任务，依托政府或企业新设立管理机构、另聘管理人员开展风景名胜区管理和运营工作并不现实。而风景资源以土林为主要自然资源，有一定的脆弱性，需要进行全域监测和记录。

从旅游发展角度看，基于风景资源的脆弱性和游赏的特殊性，需要有当地居民做向导、进行讲解。社区居民点之间的差异较小，本身的观光价值也较小，当地居民很难通过传统的住宿、餐饮等旅游服务取得收益，单一的产业结构限制了居民致富。从风景区发展带动社区进步的角度出发，要求规划根据其特点充分挖掘居民参与旅游和管理的机会，并融入风景区的大发展中。从上述两个角度看风景区内的社区，具有全面参与旅游发展的可能。

三、"协同发展"理念下规划的思路和策略

规划提出建设复合型社区结构，促进社区全方位融入自然保护地保护和利用，包括三个层面的策略。首先是构建复合型产业结构，将以往以传统农

---

① 桑嘎卓玛. 西藏阿里"宣"舞蹈文化特征研究［D］. 拉萨：西藏大学，2015.
② 徐二帅. 阿里乡土建筑研究［D］. 南京：南京工业大学，2013.

业为主导的产业结构，转化为面向旅游的产业结构，旅游接待服务为主导产业，以特色农牧业生产为副业。其次是构建复合型社会结构，使当地藏族居民既是农牧民，同时又是管理人员和旅游服务从业人员。第三是构建复合型设施结构，依托村庄的房屋和基础设施构建旅游服务设施、管理保护设施和医疗卫生等民生设施，在服务于旅游安全保障的同时，提升本地社区居民的公共服务水平。

在上述规划策略下，社区既是保护单元，也是旅游发展单元，同时也是生活生产单元，要形成社区参与保护地管理的新模式。社区居民和管理人员的身份融为一体。将保护管理责任落实到乡镇政府，也将保护文化融入精神文明，形成社区共管的管理方式（图 13-2）。

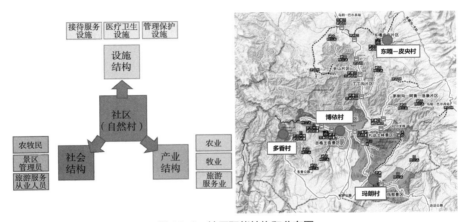

图 13-2　社区职能结构和分布图

1. 完善社区产业结构，提升居民收入水平

规划利用旅游发展的契机，带动相关产业快速发展，形成特色农牧业、旅游产品加工业、旅游服务业互补互动的产业结构。根据居民点的区位、资源潜力、环境条件和产业基础等，分类进行引导。旅游服务设施与现有城镇、社区结构相结合，除露营地和必要的补给点外，不单独设立成规模的旅游服务设施。依托社区设立的旅游服务基地发展不同的产业类型。

（1）打造托林镇综合职能，做大旅游接待核心

托林镇位于风景名胜区外，是札达县政府所在地。规划提出将其建设为

旅游镇和未来旅游服务业发展的重点区域，旅游服务设施建设应向镇区集中，重点发展旅游住宿、餐饮、文化展示、科普教育、车辆租赁、民俗表演、旅游纪念品销售等服务业。托林镇还应加强对交通运输、物流产业的拓展，满足游客中转集散的需求，保障旅游物资运输的可达性和安全性。依据未来发展需求，规划建设汽车交通客运站、游客服务中心、民族风情体验中心、特色旅游纪念品商店、民族餐馆、医院等服务设施。这些旅游服务设施建设应当与居民社会服务设施协调发展，注重旅游设施的环境建设，突出文化传统与地方环境风貌（图 13-3）。

（2）依托核心文化资源，塑造旅游型社区

旅游型居民点的主要职能是为景区和独立景点出入口提供旅游信息咨询、安全救助、民俗文化讲解、旅游纪念品销售、马匹租赁、废弃物回收、住宿餐饮等服务。其他职责为建立保护站点，对风景名胜区进行资源管理、文物保护、环境监测和巡视等。

旅游型居民点包括札布让组、东嘎组、皮央组、夏益组、香孜组、曲龙组。这些居民点与景区、景点的关系较为密切，重点发展特色餐饮、旅游住宿、马匹租赁、文化展示、旅游纪念品制作及销售等服务业，以提升这些村组的

图 13-3　托林镇街景

旅游服务水平，吸引游客。鼓励居民参与景区管理、环境监测、民俗表演和生态向导等工作，并考取相应的工作岗位。

旅游型居民点可结合风景资源管理与旅游服务的需要，新建一些综合服务设施，如管理监测站、医疗救护站、民俗文化展览室、旅游纪念品商店等。餐饮和住宿设施可依托现有民居改造后使用。村内应设置垃圾收集设施，运至托林镇处理；并建设小型污水处理站或污水收集点，以解决随着社区内住宿餐饮服务的发展污水排放量增加的问题。

（3）发掘特色农产品，做强农牧型社区

农牧型居民点包括玛朗组、达巴组、多香组。应鼓励这类居民点重点发展特色农牧产品加工和旅游纪念品制作等农牧业和手工业，生产如风干牛肉、酸奶、藏辣椒、手工氆氇、民族配饰、唐卡等产品，并在托林镇区、旅游交通沿线、旅游服务中心为居民设置销售市场，以销售帐篷等。

规划提出推进"黑帐篷营地计划"，制订实施方案，订购原材料，积极引导公路沿线周边农牧民群众和经济合作社在公路沿线自驾游营地以外适当区域搭建黑帐篷，做好餐饮服务和酸奶、牛羊肉等绿色农畜产品销售，以机动灵活的方式推进特色农产品发展，带动公路沿线居民增收。

此外，针对社区农牧业技术掌握匮乏的现状，规划提出完善农牧业科技服务体系，依托扶贫开发项目和农牧业开发建设项目，利用现有农牧业技术培训场所及广播、电视等现代传媒技术开展培训，帮助农牧民掌握畜禽良种繁育、畜牧业防灾抗灾等相关技能。

（4）依托游线串联社区，促进融入旅游发展

风景名胜区自然和社会生态系统脆弱，抵御人为和自然破坏压力弹性系数较小，需要开展与之相适应的生态旅游并遵循生态旅游的发展规律。风景名胜区内所有游赏活动必须在不干扰自然地域、保护生态环境、降低旅游负面影响和为当地居民提供有益的社会和经济活动的情况下进行，并接受风景名胜区管理机构和经过监督赋权后的居民的监督。[①]

首先是利用现有的道路交通，并发掘新的潜在游线，梳理有价值的资源，

---

① 李振鹏. 风景名胜区生态旅游发展研究 [J]. 中国园林，2010，26（4）：85-88.

通过游线串联景点、居民点，促进社区融入游览活动。其次是策划多样的游览方式，为适应不同类型的游客提供车行徒步、自行车骑行、骑马、露营、小型越野车、漂流等不同类型的游赏方式，充分利用不同资源的价值和特点，在很好地满足不同类型游客需求的同时，促进社区居民参与旅游服务。最后是通过特色主题游线完善资源利用，通过完善的机动车交通接驳、车行游线和步行游线，将经典的观景点、露营点、补给点进行串联，形成丰富而完善的主题游线，进一步促进社区居民点建设（图13-4、表13-2）。

2. 调整社区社会结构，促进发展层次提升

（1）构建地方政府和社区资源共管协作机制

风景区生态环境脆弱、地域广阔，仅靠风景区所在地政府或管理机构很难完成风景资源保护、景区巡视和环境监测等任务。因此，需要借鉴资源社区共管理念，构建环保、林业、农牧、建设、宗教等管理部门，NGO，社区三方合作的平台，结合社区成立保护站。同时应制定风景区内的环境保护村规民约，针对当地居民开展环境教育和环境监测培训，提升居民环境保护意识，赋予居民资源管理权限，构建风景区管理机构和社区资源共管协作机制（表13-3）。

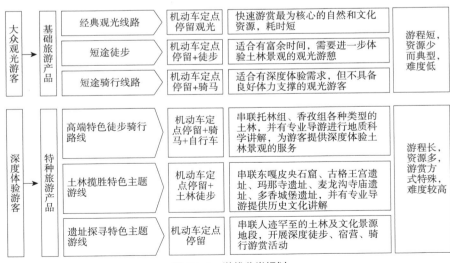

图 13-4　游线分类规划

规划游线一览表 表13-2

主题	支线名称	长度	游客体验	难度分级	保障措施	位置
文明探源	古格王宫 徒步、骑行线	5.9km	观赏古格王宫遗址、卡尔普遗址	1	—	风景区内
	东嘎皮央 车行观光线	19.0km	东嘎皮央石窟文化探源	0	—	独立景点
	萨冈石窟 科考、探险线	10.3km	萨冈石窟、岗撒岩画观光	3	特定季节准入，当地向导陪同	风景区内
	多香城堡 车行观光线	22.8km	多香城堡及沿线风景观光	0	—	独立景点
	香孜古堡 徒步、登山线	0.6km	香孜古堡观光，土林揽胜	2	—	独立景点
	曲龙银城 徒步、登山线	1.9km	曲龙银城观光	2	—	独立景点
	达巴遗址 徒步、登山线	0.4km	达巴遗址、土林观光	2	—	独立景点
土林揽胜	象泉河谷 徒步、骑行线	4.6km	象泉河谷观光	2	特定季节准入	风景区内
	托林土林 科考、探险线	4.2km	近距离观赏土林景观	3	当地向导陪同	风景区内
	高原牧场 徒步、骑行线	10km	在高原夷平面上观赏土林景观	2	当地向导陪同	风景区内
	玛那曲 徒步、骑行线	7.6km	玛那曲河谷、土林、河流观光	3	当地向导陪同	风景区内
	多香土林 科考、探险线	22.7km	多香城堡及沿线土林观光	3	当地向导陪同	风景区内
	修康基岩 科考、探险线	4.8km	登高远望土林壮观全景	3	特定季节准入，当地向导陪同	风景区内
	长山片区 科考、探险线	19.6km	长山山谷土林观光	0	当地向导陪同	外围保护地带
	丁丁沟 科考、探险线	7km	丁丁沟土林观光	3	当地向导陪同	外围保护地带
	茅刺沟 科考、探险线	6.4km	茅刺沟土林观光	3	当地向导陪同	外围保护地带
	长山 车行观光线	17.3km	长山山顶俯瞰南部土林全景	0	—	外围保护地带

规划管理站点一览表

表13-3

管理站点	位置	保护管理和监测内容	人员配备
札达土林景区管理站	达达公路东侧	报告土林保护状况和水土流失状况；监控游客对土林、化石及其他类型资源的破坏行为，如攀爬、采集；监测土林的自然美学价值	兼职2人
玛那景区管理站	玛朗组	监控动物盗猎行为和植被保护情况；监测游客行为、游客安全；监控游客对土林、植被等类型资源的破坏行为，如攀爬、采集；监测洪水变动；监测畜牧量	兼职2人
古格王宫景区管理站	古格王城下	控制进入古格王宫和卡尔普遗址的游客数量；监控游客对土林和文化遗址的破坏行为；监测土林的自然美学价值	专职3人兼职5人
多香城堡景区管理站	多香组	监控游客对土林、化石及其他类型资源的破坏行为，如攀爬、采集；监测洪水变动和对遗址的影响；监测畜牧量	兼职2人
东嘎石窟管理点	东嘎组	控制进入东嘎石窟、皮央石窟等遗址的游客数量；监控游客对文化遗址的破坏行为；监测畜牧量	专职3人兼职2人
托林寺管理点	托林镇	监控游客对土林和文化遗址的破坏行为；控制进入托林寺的游客数量	专职2人兼职2人
达巴遗址管理点	达巴村	监控游客对土林和文化遗址的破坏行为；控制进入达巴遗址的游客数量	兼职2人
香孜古堡管理点	香孜村	控制进入香孜古堡遗址的游客数量；监控游客对土林和文化遗址的破坏行为；监测洪水变动	兼职2人
曲龙银城管理点	曲龙银城下	控制进入曲龙银城遗址的游客数量；监控游客对土林和文化遗址的破坏行为	兼职2人
夏益沟管理点	夏益组	监控游客对土林和文化遗址的破坏行为	兼职2人

（2）加强社区居民能力培训，引导社区居民参与旅游发展

风景区内大多数居民不会讲汉语，受教育程度低，缺少参与旅游发展的技能和资金。未来应在政府及NGO的协作下，构建系统性的居民能力培训机制，提高社区居民的人力资本质量。鼓励农牧民考取景区管理、专业向导等岗位，或直接参与家庭旅馆、餐饮、旅游纪念品制作、民俗表演、文化展示、马匹车辆租赁等服务。

社区培训工作可以通过定期的电视、广播节目开展，同时还可以通过印发宣传册、召开座谈会等形式，向居民解释现有的旅游活动、旅游规划、经营理念。也可以举办培训班，鼓励居民参加旅游教育培训。这些教育和培训可以由风景区管理机构、NGO组织、科研机构和社区居民一起商定其具体内

容和形式后实施。此外应以札达县家庭旅馆的奖励机制为基础，通过奖励和采用集体式合作机制对现有家庭旅馆进行升级改造，规范管理，提高服务水平和质量，增强家庭旅馆的创收能力（表13-4、表13-5）。

社区培训方式一览表　　　　　　　　　　　　　　　　表13-4

工作类别	能力要求	建议参与形式
景区检票员	汉语沟通能力好	社区选拔与轮换相结合
治安、巡逻员	汉语沟通能力好，具有一定的环保意识，认真负责	社区选拔与轮换相结合
牵马及景区向导	汉语沟通能力好，熟悉地理环境和景点知识，具有协作精神	社区轮换
牧家乐、藏家乐经营	汉语沟通能力较好，家庭具备相应的接待能力，卫生状况良好；具有协助精神，乐于帮助和带动其他村民	社区选拔
旅游纪念品制作	擅长传统工艺制作	社区选拔
民俗表演	擅长民俗表演	社区选拔

社区培训内容一览表　　　　　　　　　　　　　　　　表13-5

类别	知识类型	主要培训内容
基本技能培训	基础知识	旅游基础知识、环境保护知识、安全救援常识、藏医药知识
	民族知识	民族文化常识、民族村寨地理、民族技艺传习
	相关法规	旅游法律法规、环境保护法律法规
专业技能培训	服务意识	可持续发展观、旅游服务技巧、岗位职责、卫生意识
	服务技能	旅游经营技能、礼仪礼节、普通话与外语水平、宣传销售技能、烹饪技巧
	专门技能	商品加工和包装能力、产品设计能力、大棚蔬菜种植技术

（3）建立公平和广泛的社区旅游参与机制

为了建立公平公正的社区参与机制，风景区管理岗位的选拔要公开、透明；旅馆、餐馆、马匹、导游、租车、旅游纪念品销售等经营性项目，应建立轮流参与机制和多户居民联合互助参与机制。通过举行村民大会、"一事一议"制度、村务公开制度，对旅游参与机制和分配机制进行平等商议、集体决策，激发社区居民参与旅游的积极性。

同时，针对社区权能比较薄弱的状况，还应形成还利于民的就业和分配机制。风景区内的居民享有优先就业权，经济发展落后和区位较差的社区享有优先就业权。在未来旅游业发展日益提升的条件下，应从风景名胜区门票收入中拿出一部分，设立旅游富民发展基金，对社区的弱势群体进行扶持。

3. 完善社区设施结构，提高综合保障水平

（1）依托社区硬件设施建设旅游服务设施

应利用各级社区现有的民房、村集体建筑和基础工程，建设具有旅游功能的家庭旅馆、游客中心、解说教育设施等，可减少部分基础工程的投资，并进一步促进各级社区融入旅游发展。家庭旅馆建设应注重对传统建筑风貌的保护和塑造，并在试点的基础上通过资金扶持一小部分有能力和意愿的社区居民优先开展家庭旅馆建设。游客中心设置在札不让组、东嘎组这些临近核心资源的村民小组，便于游客集散和获取信息。

（2）完善社区公共服务设施和基础工程建设

第一，应推动农牧区住房保障工程，推进农村民房抗震加固、游牧民定居、农牧民聚居区基础设施建设等工程。第二，应开展村庄环境整治工程，重点整治村庄景观风貌、村庄道路、垃圾池、饮用水井、公共厕所等。第三，应完善交通客运设施的建设，改善区域交通条件，建设通达、通畅、安全的综合交通运输体系，在满足农牧民基本交通服务需求的同时适应旅游发展需要。建设社区客运站、旅游客运站、物流点、停车场等交通设施。第四，应完善文化服务设施，加快乡村书屋、村级文化活动室的建设，切实加强文物管理与保护的宣传工作，提高居民文物保护的能力和意识。第五，应进一步推动农牧业基础设施工程建设，推进农牧业综合开发，建设农畜产品基地和产业带、人工饲草料基地，普及人工种草与天然草地改良等实用农技。

4. 建立社区保障机制，筑牢保护发展基础

（1）保护和传承当地文化

本土文化是千百年来札达盆地文明繁衍的见证，使社区居民了解到当地

文化和资源的价值所在。未来应通过入户宣传、课程讲解等方式提高居民的文化自信，增强他们保护和传承当地文化的自觉性。

（2）构建社会保障体系

当地薄弱的社会治理条件制约了民生发展，未来应以风景名胜区发展为契机，建立社会保障体系和社会救助体系，完善以免费医疗为基础的农牧区医疗制度，提高农牧民免费医疗补助标准，形成镇村联动保障的卫生医疗体系。

（3）制订环境保护村规民约

社区参与离不开当地居民和管理者建立深度的共识。管理机构应深入当地社区进行宣传教育，在和社区居民达成充分保护共识的基础上，和社区居民一道制订具有公众约束力的保护公约，形成依照公约自我监督、相互约束的保护氛围，提升风景资源保护管理的水平。

第十四章
衡山——"协同发展"理念下方广溪区域乡村调控与建设规划实践

一、现状概况

1. 区位和保护概况

衡山位于湖南省中部衡阳市南岳区,为我国著名的五岳中的"南岳"。方广溪位于衡山西南部,东距南岳城区约10km。规划范围东至洗雷背、莲花峰、观音峰、华盖峰,西至黑沙潭,北至天台峰、潜圣峰、西方公路,南至续梦庵、妙高峰南侧,总面积29.55km²。

1982年,南岳衡山由国务院审定公布为第一批国家级风景名胜区,总面积100.7km²。衡山风景名胜区自然景观和人文景观十分丰富,以"三海、四绝、五峰"享誉海内外,形成了"五岳独秀,文明奥区"的整体景观特色。

2007年,南岳衡山经国务院批准列为国家级自然保护区,以珍稀濒危野生动物及其栖息地、珍稀濒危植物及其群落,以及中国亚热带少数地区保存较为完整的森林植被和森林生态系统为主要保护对象,属森林生态型自然保护区,总面积119.92km²。2008年,南岳衡山作为"中华五岳"之一,被列入世界遗产预备清单(图14-1)。

2. 资源特征

方广溪区域历史积淀深厚、文化内涵丰富、山水景观鲜明、生态环境优越,是构成南岳衡山国家级风景名胜区与国家级自然保护区的重要组成部分。

巍峨秀丽的山岳景观。方广溪区域东邻衡山主脊线,区域内三列平行山脊东西向展开,华盖峰、潜圣峰、天台峰、妙高峰、观音峰等"莲花八峰"

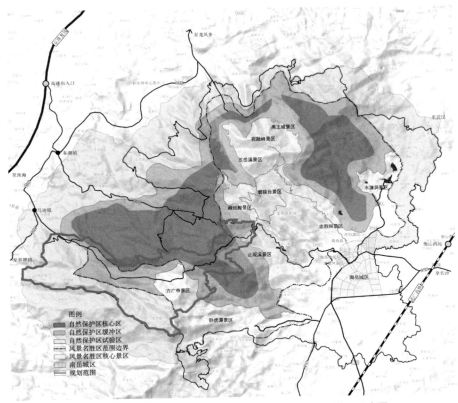

图 14-1 衡山风景名胜区与自然保护区及方广溪规划范围示意图

分列其间，巍峨秀丽，郁郁苍苍，充分体现了南岳衡山"雍容大雅"的自然景观特征，并具有极高的文化景观价值。

　　秀美多姿的溪涧潭瀑。发源于雷钵顶的方广溪、绣花溪等水系贯穿区域，并因山势陡急、断层发育而形成了黑沙潭、黄沙潭、双龙潭、石涧潭等多处深潭飞瀑，与群山密林相互映衬，营造出秀美多姿的自然景观，充分体现了南岳衡山"五岳独秀"的景观特征。

　　价值突出的植物群落。方广溪区域地处深山，植被繁茂，物种丰富，特别是方广寺、石涧潭、水口山一带分布着成片的次生林与众多古树名木，树龄 100~300 年的细叶青冈、云山青冈、大叶青冈、长叶石栎、银杏、南方红豆杉等古树 119 株，300 年以上的古树 12 株，名木 3 株。此外，方广溪区域还是南岳高山云雾茶与楠竹的主产区，既形成了高山茶园、楠竹林海等特色景观，也具有极高的经济价值。

　　历史悠久的佛教史迹。方广寺地处南岳后山，明清之前曾为外界进入南岳的必经之路。南朝年间，慧海、海印、慧思、智顗等高僧均经此前往南岳，并兴建了方广寺、天台寺等多座佛教寺院。此后，方广寺、天台寺、紫盖寺等佛教寺院不断发展兴盛，成为南岳佛教文化的重要代表。

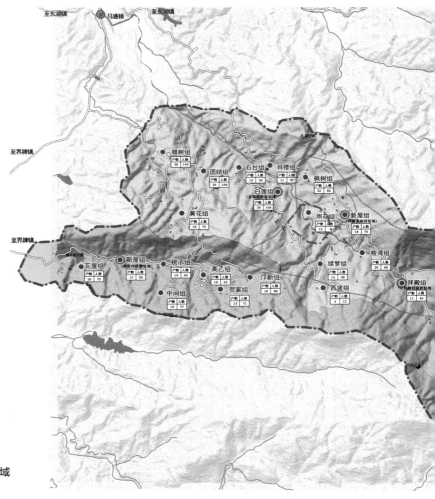

图 14-2　方广溪规划区域
居民点现状分布图

3. 乡村社区发展现状

方广溪区域内居民点主要属南岳区拜殿乡，涉及拜殿村、龙潭村、观音村3个行政村，共计30个村组；另有南岳区岳林乡杉湾村1个村组（图14-2）。据统计现状总人口1918人，其中拜殿村共计156户、606人；龙潭村共计211户、802人；观音村共计110户、498人；杉湾村涉及6户、18人。拜殿乡由于地处后山，交通不便，社会经济发展较为滞后，绝大部分居民以务农、外出务工为主，居民收入水平相对较低（表14-1）。

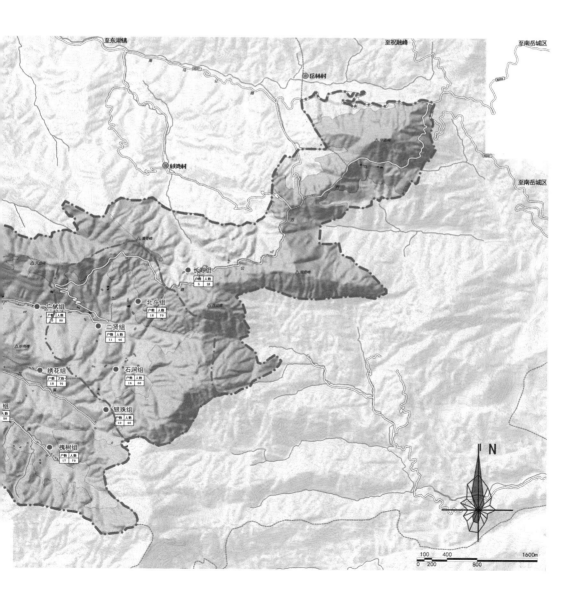

方广溪区域现状居民点一览表 表14-1

村庄名	组名	户数/户	人数/人	建筑质量	生产活动
拜殿村（11组）	北斗组	18	70	优	旅游服务（农家乐）
	二贤组	11	46	优	旅游服务（农家乐）
	石涧组	16	60	优	旅游服务（农家乐）
	广伏组	20	80	良	外出务工
	长茶组	11	40	良	外出务工
	拜殿组	11	40	良	外出务工
	桐子组	12	40	良	外出务工
	绣花组	18	70	差	外出务工
	银珠组	10	40	差	外出务工
	毛坪组	12	50	差	外出务工
	槐树组	17	70	优	外出务工
	合计	156	606	—	—
龙潭村（12组）	新屋组	18	75	优	外出务工为主
	检湾组	20	80	差	
	宿梦组	14	38	差	
	雨花组	13	40	良	
	枫树组	22	82	优	
	肖楼组	11	35	差	
	白莲组	25	100	良	
	西坡组	4	12	差	
	石台组	10	30	良	
	团结组	20	100	良	
	腊树组	36	140	良	
	黄花组	18	70	差	
	合计	211	802	—	
观音村（7组）	中间组	18	77	差	
	新屋组	12	55	良	
	桃子组	15	63	良	
	瓦屋组	20	75	良	
	贺家组	13	71	差	
	高乙组	14	69	差	
	邝新组	18	88	差	
	合计	110	498	—	
杉湾村（1组）	长寿村	6	18	良	外出务工
总计		484	1918	优	—

二、乡村发展与自然保护地的关系

1. 乡村规划建设与自然保护地的关系

　　方广溪区域传统村落多位于山坳之中，聚落规模不大，建筑体量适宜，多采用夯土、砖石等乡土材料，很好地融入风景环境之中，构成了人与自然和谐共生的画卷。然而，随着当地村庄建设速度不断加快，方广溪区域局部地区出现了建设侵占山体、林地的现象，部分建筑体量过大，建筑风貌也出现了过度城镇化的倾向，使自然保护地的自然景观与乡土风貌遭到了一定的干扰与破坏（图14-3）。因此，方广溪区域在乡村规划建设方面，应统筹自然保护地与乡村的关系，针对现状居民点依山就势、零散分布的布局特点，为适应现阶段居民规模的增加与生活方式的改变，按照自然保护地的保护要求，合理调控村落布局，严格管控村落风貌。

2. 乡村基础设施与自然保护地的关系

　　方广溪区域资源环境敏感脆弱，居民点具有分布散、规模小的特点，给基础设施改善带来很大的困难。一方面，生活污水未经处理直接排入自然山体、垃圾收集处理能力不足等对自然保护地的生态环境造成了污染；另一方面，过度的基础设施建设也易造成使用效率低下，并对自然保护地的景观环境造成干扰。因此，方广溪区域在乡村基础设施规划建设方面，应统筹自然保护地与乡村的关系，尽量采用分散化、小型化、生态化技术与设备，因地

传统民居　　　　　　　　　　　　新建民居

图14-3　民居建设现状

制宜制订设施改善方案。

3.乡村旅游发展与自然保护地的关系

随着南岳衡山的知名度不断提高，方广溪区域乡村旅游蓬勃发展，在传统"农家乐""采摘园"等业态的基础上，出现了以"衡山房"度假民宿等为代表的精品乡村旅游项目，使当地居民经济收入水平得到了显著提高，也在一定程度上提高了当地居民的保护意识。然而，在现阶段乡村旅游迅猛发展的形势下，过度的旅游开发与不当的设施建设也给自然保护地保护带来了较大的压力。因此，方广溪区域应统筹自然保护地与乡村旅游发展的关系，在严格保护自然生态环境的前提下，依托乡村旅游资源，盘活乡村闲置房屋，突出乡土风貌特色，合理引导乡村旅游发展。

4.乡土文化传承与自然保护地的关系

方广溪区域的传统乡村社区蕴含了独特的民风民俗与生产方式。拜殿乡的观音村就是南岳竹林分布最为集中的地区，楠竹生长茂盛，形成了以楠竹种植加工为特色的乡村产业；岳林乡的杉湾村是南岳云雾茶主产区，高山茶园景观极具特色，每年定期举办的"春茶祭典"等活动已成为南岳标志性的文化节庆，是构成衡山资源价值特征的重要文化元素。因此，方广溪区域在乡土文化传承方面，应加强自然保护地与乡村的联系，在保护自然景观与生态环境的基础上，进一步发掘整理乡土文化资源，妥善保护与传承创新（图14-4）。

楠竹林海　　　　　　　　　　　　　高山茶园

图14-4　方广溪区域典型文化景观

三、规划原则和思路

1. 保护优先，强化规划管控

　　规划贯彻"保护优先"的原则，按照自然保护地的保护要求，对乡村社区从规划与建设层面进行严格管控与合理引导，尽可能降低乡村社区发展对自然保护地自然景观与生态环境的干扰。

　　在宏观层面，对乡村社区人口与用地规模进行严格控制，避免过量居民与游客对自然生态环境造成过度干扰。规划按照保留、搬迁和聚居三种方式对现状居民点进行调控。对搬迁区域内交通出行不便、存在安全隐患，以及严重影响景观生态环境的零散居民点，引导居住人口向发展条件优越、环境影响较小的区域适当集中，使保护与发展相协调。

　　在建设层面，保护延续乡土风貌，尽可能保留现状传统建筑，进行功能置换、提升改造，使其满足使用需求，避免"大拆大建"；新建建筑采用传统建筑形式、乡土材料，降低对自然环境的干扰破坏。鼓励采用绿色建筑、绿色能源，加强污水处理、垃圾收集等基础设施建设，进一步减少资源消耗与污染排放，保护生态环境。

2. 绿色生态，促进可持续发展

　　规划在严格保护的基础上，借助国家级风景名胜区与自然保护区的知名度与影响力，积极发展特色农业、旅游休闲等乡村产业，提高居民收入水平，促进乡村社区可持续发展。

　　规划依托方广溪区域资源特色与产业基础，按照"一村一品"的思路，培育楠竹、云雾茶、花卉、油茶等特色产业，延伸产业链条，提高产品附加值，形成环境友好、绿色生态的乡村农林产业体系。规划结合自然保护地生态旅游发展，以拜殿、北斗、枫树、石涧等旅游镇、旅游村为重点，完善旅游服务设施，改善村容村貌与配套公共服务设施，在丰富旅游服务功能的同时，也使居民居住环境得到有效改善。

　　此外，随着自然保护地管理水平不断提升，当地居民也将更多地参与到自然保护地的保护、管理、宣传等工作之中，有助于增强当地社区主动保护自然保护地的意识，推动当地社会经济文化全面发展。

四、"协同发展"理念下规划的重点

1. 合理实施社区调控

（1）严格管控人口用地规模

规划范围内涉及拜殿乡全乡 3 个村（拜殿村、龙潭村、观音村）30 个组，和岳林乡的 1 个村（杉湾村）1 个组，共计 484 户，1918 人；现状居民点建设用地约 24.01hm²，人均居民点建设用地面积约 125.18m²，户均占地约 500m²。

规划针对现状居民外迁比重高、村落空心化严重的特点，严格控制人口机械增长，科学预测人口自然增长，合理制订人均居住用地指标，通过对居住用地的集约利用，尽可能降低居民点建设对自然环境的干扰。规划期末，区域居住人口总量按 2120 人控制，规划居民点建设用地 24.52hm²，人均居民点建设用地 115.61m²。

（2）实施居民点分类调控

依据《南岳衡山风景区总体规划》等相关规划，以及《湖南省新农村建设村庄布局规划导则（暂行）》《湖南省新农村建设村庄整治建设规划导则（暂行）》和《南岳衡山风景名胜区村民建房管理

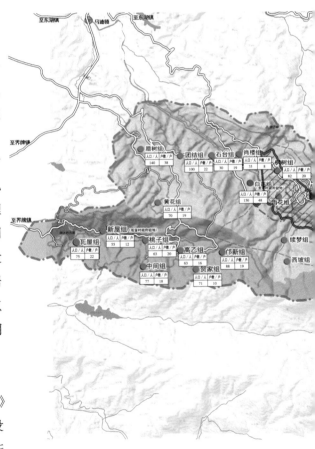

暂行办法》等相关要求，规划对现状居民点进行整合迁并，引导居民向用地适宜、交通便利的区域适当集中，改善自然环境，改善居民生活居住条件。

规划根据现状居民点区位条件、人口规模、配套设施水平等，将现状居民点分为保留、搬迁和聚居三类进行调控。其中保留型共 16 个村组，保留现有村组，组内进行整合迁并。搬迁型共 12 个村组，整体或部分搬迁村组，人口向聚居型居民点集中。聚居型共 3 个村组，集中建设安置点，安置本组与搬迁型村组居民（图 14-5）。

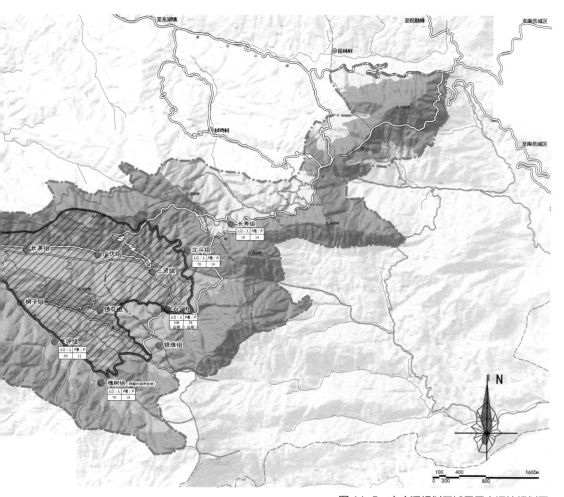

图 14-5 方广溪规划区域居民点调控规划图

（3）强化对重要自然人文资源的保护

规划根据区域重要自然人文资源保护要求，划定居民点禁止建设区范围。居民点禁止建设区范围北至南岳衡山风景区边界、西方公路，西至南岳衡山风景区边界，南至规划龙潭村—五龙广场—槐树组游览公路，东至槐树组—野坳背—紫盖寺—北斗组游览公路。禁止建设区内以景区建设与资源保护为主，严禁新建、改建、扩建住宅，逐步搬迁现状居民点，进一步强化对重要自然人文资源的保护力度（表14-2、表14-3）。

2. 培育特色乡村产业

规划依托方广溪区域资源特色与产业基础，积极发展特色种植与精品农业，进一步提高农产品附加值，打造环境友好、绿色生态的产业体系，促进特色农业与休闲旅游产业融合发展。在方广溪区域内的观音村，规划重点发展楠竹加工、花卉种植、精品农业、特色种养等特色产业，在此基础上进一步延伸以竹海、花海为特色的乡村休闲旅游，提高居民收入水平，改善乡村居住环境，打造环境优美、社会和谐、经济繁荣的美丽乡村，成为方广溪生态旅游功能的重要补充（图14-6）。

居民点分类调控一览表（风景区内）　　　　　　表14-2

调控类型	数量/个	行政村名称	村组名称	调控措施
保留型	1	拜殿村	北斗组	保留现有村组，组内进行整合迁并
搬迁型	8	拜殿村	二贤组	搬迁至石涧组聚居点
		龙潭村	长茶组、广伏组、拜殿组	搬迁至石涧组聚居点
		拜殿村	检湾组、续梦组	搬迁至白莲组聚居点
		龙潭村	雨花组、枫树组	搬迁至新屋组聚居点
聚居型	2	拜殿村	石涧组	集中建设安置点，用于安置本组及搬迁村组居民
		龙潭村	新屋组	
合计	11			—

注：搬迁型行中"整体搬迁村组，人口向邻近聚居型居民点集中"对应二贤组、长茶组等及检湾组、续梦组各行；"部分搬迁村组，向邻近聚居型居民点集中；对组内不影响景区建设的居民点予以保留"对应雨花组、枫树组行。

居民点分类调控一览表（风景区外）　　　　表14-3

调控类型	数量/个	行政村名称	村组名称	调控措施	
保留型	15	拜殿村	毛坪组、槐树组	保留现有村组，组内进行整合迁并	
		龙潭村	肖楼组、石台组、团结组、腊树组、黄花组		
		观音村	新屋组、桃子组、瓦屋组、高乙组、中间组、贺家组、邝新组		
		岳林村	长寿村		
搬迁型	4	龙潭村	桐子组、绣花组、银珠组	搬迁至石涧组聚居点	整体搬迁村组，人口向邻近聚居型居民点集中
		拜殿村	西坡组	搬迁至白莲组聚居点	
聚居型	1	龙潭村	白莲组	集中建设安置点，用于安置本组及搬迁村组居民	
合计	20		—		

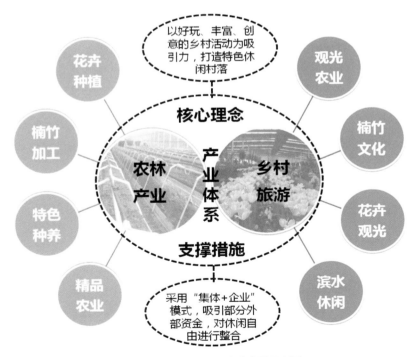

图 14-6　观音村特色产业发展示意图

观音村东部山地，依托现状产业基础与适宜的用地条件，发展花卉种植产业，进一步拓展盆花盆景、观赏植物等相关产业。结合花卉种植，塑造多层次的花海景观，设置花卉展园、花田步道、花卉展馆等游览设施，开展以"四季花海"为特色的观光体验功能。

观音村南部山谷，利用现状丰富的楠竹资源，提高楠竹培育种植水平，延伸楠竹种植下游产业链，发展楠竹加工、楠竹手工艺品制造、楠竹食品等产业类型，打造楠竹生态产业示范村。依托竹林景观与楠竹种植产业，利用楠竹林间场地安排竹屋休闲、造纸体验、美食体验、竹林游憩、竹林观光等，安排游客体验以传统方式制作竹篓、竹筐、竹席、竹雕等竹工艺品，品尝以竹笋、竹子为主要原料的特色美食，引导楠竹文化体验旅游发展。

观音村中部河谷，高效利用现状高品质农田，引进先进种植技术，发展五彩大米、富硒大米等特色品种，形成特色大米产业链。以"五彩稻田"为特色，结合精品农业、特色种养产业，营造优美的梯田景观，发展农业生产与休闲旅游相结合的蔬果采摘、田园观光等休闲农业，结合现状村庄开展特色餐饮、民宿接待活动，使游客感受田园风光、体验乡土风情。

观音村北部丘陵，利用现状农田村落，发展贵妃鸡养殖，观音笋、蓝莓、蔬果、油茶种植，延伸特色加工产业，建设兼有农业科普、农事体验、采摘休闲等功能的观光农业园区。

观音村西部滨水地区利用优美的滨水景观环境，开展垂钓、自驾等休闲活动，安排滨水步道、垂钓俱乐部、乡村酒店等设施，发展滨水休闲功能（图 14-7）。

3. 提质特色旅游集镇

方广溪区域内的新屋组、枫树组为拜殿乡政府驻地，是区域内人口最为集中、用地相对平坦的地区，对外交通、基础设施、公共设施条件也较为完备。规划在现状集镇的基础上，进行改造提升，完善居住生活、旅游服务、度假接待等功能区块，打造具有乡土特色、充满活力的特色旅游服务集镇。

规划于交通便利的西方公路北侧安排居民安置用地，完善卫生所、客运站、文化站等公共服务设施，满足拜殿乡居民集聚与搬迁安置的要求。利用

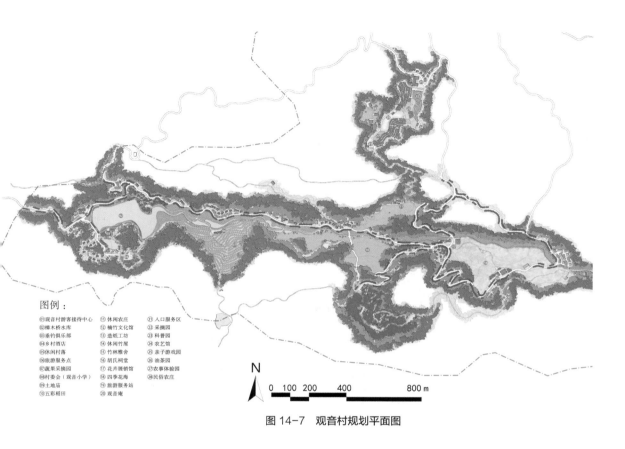

图例：
① 观音村游客接待中心
② 橡木桥水库
③ 垂钓俱乐部
④ 乡村酒店
⑤ 休闲村落
⑥ 旅游服务点
⑦ 蔬果采摘园
⑧ 村委会（观音小学）
⑨ 土地店
⑩ 五彩稻田

⑪ 休闲农庄
⑫ 楠竹文化馆
⑬ 造纸工坊
⑭ 休闲竹屋
⑮ 竹林雅舍
⑯ 胡氏祠堂
⑰ 花卉展销馆
⑱ 四季花海
⑲ 旅游服务站
⑳ 观音庵

㉑ 人口服务区
㉒ 采摘园
㉓ 科普园
㉔ 农艺馆
㉕ 亲子游戏园
㉖ 油茶园
㉗ 农事体验园
㉘ 民俗农庄

N

0 100 200 400 800 m

图 14-7 观音村规划平面图

现状乡政府周边较为平缓的适宜建设用地，建设集中紧凑的特色商业街区，安排餐饮、购物、演艺、接待等功能，打造充满活力、特色鲜明的商业休闲区。围绕商业中心，对周边现状村落进行改造利用，形成若干特色休闲村落组团，进一步丰富商业休闲功能与业态。结合枫树组优美的竹林环境与眺望景观，安排与自然有机结合的度假酒店，作为承担景区旅游接待与休闲度假功能的重要空间（图 14-8、图 14-9）。

4. 改善村落人居环境

除规划集镇外，方广溪区域内还布局有 18 处居民点，承担着居住生活、旅游服务、公共服务等各类职能。规划根据居民点区位、功能、环境特点，按照中心型、旅游型、安置型、提升型四类，选取典型村落，详细安排居民

图 14-8 旅游集镇鸟瞰效果图

图 14-9　旅游集镇效果图

点空间布局、配套设施、景观风貌，引导社区建设，改善人居环境。

规划白莲组等中心型居民点，作为各片区人口聚居与公共服务中心，对集镇公共服务功能起到补充作用。白莲组居民点位于方广溪南岸平坦场地，规划建设用地 3hm²，规划户数 48 户，作为区域西部白莲组、西坡组、续梦组、检湾组聚居点。规划利用平坦场地安排搬迁安置区，扩建龙潭小学，完善村委会等公共服务设施，并结合居民点入口安排旅游服务功能（图 14-10）。

规划槐树组等旅游型居民点，因其交通区位优越，环境优美，用地空间相对充裕，重点发展旅游休闲功能，并承担组内零散居民集中安置功能。槐树组居民点位于衡山雷钵顶脚下，规划建设用地 1.7hm²，规划户数 18 户，新建村委会、文化站等公共设施与集中绿地，围绕村庄公共活动中心安排村民住宅；布置相对集中的旅游发展用地，安排旅游度假、休闲农庄等旅游设施（图 14-11）。

规划野坳背等安置型居民点，因其对外交通便利，用地条件适宜，集中安置周边村组搬迁居民。野坳背居民点位于方广溪区域东部，规划建设用地 1.5hm²，规划户数 28 户，作为二贤组及石涧组居民搬迁安置点，合

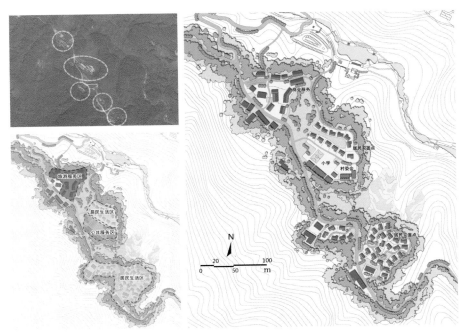

图 14-10 白莲组居民点规划图

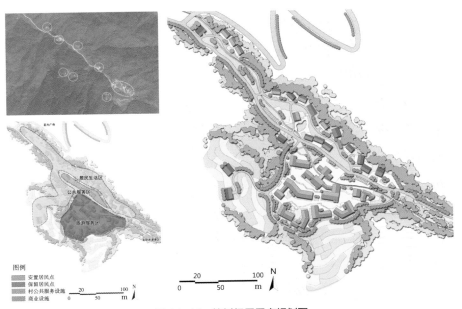

图 14-11 槐树组居民点规划图

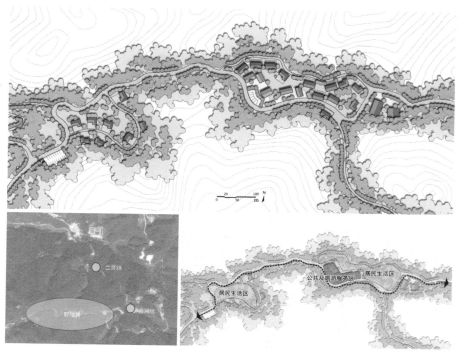

图 14-12　野坳背居民点规划图

理布局安置住宅，结合村委会、文化站等公共设施合理安排旅游服务功能（图 14-12）。

规划北斗组等提升型居民点，因其用地条件相对有限、景观生态环境敏感程度较高，在保留现状村组的基础上，提升环境品质，严格限制规模进一步增长。北斗组居民点位于方广寺以东、半山乡村道路沿线，规划建设用地 0.86hm²，规划户数 19 户，严格控制住宅新建、扩建，整治道路两侧建筑风貌与景观环境，适当增设沿路小型停车场地与公共空间（图 14-13）。

5. 延续乡土风貌特色

方广溪区域传统村落多位于山坳之中，依山就势而建，形成了地域特色极为鲜明的传统风貌。规划延续传统建筑特征，加强对建筑体量、风格、色彩、材质的控制，避免过度城镇化、现代化的建设倾向，保证居民点建设与自然环境的协调性。

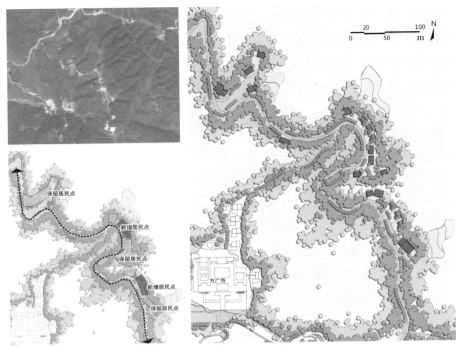

图 14-13　北斗组居民点规划图

　　规划新建与改造建筑体量宜小不宜大，建筑高度以不突破背景林冠线和山体轮廓线为原则，建筑层数不超过 2 层，建筑最高点高度控制在 9m 以下，使人工建设与自然环境有机协调。建筑风格充分吸取南岳地区传统民居特色，采用符合当地环境特色的坡屋顶，并保持挑檐深远、结构轻巧的屋顶造型特征，借鉴入口门廊、屋架外露、实墙开洞、上架过梁等当地传统民居典型做法，对当代建筑结构、采光、构造及装饰进行创新运用，形成具有地域特色的建筑形象。建筑材料以木、砖、土坯、灰瓦等乡土建筑材料为主，建筑色彩延续当地传统建筑色彩特征，屋顶以青瓦为主，外墙主色调采用与传统建筑相一致的土黄、暖灰等色彩（图 14-14、图 14-15）。

6. 推广绿色生态建筑

　　规划针对南岳气候多变、四季分明，气候潮湿、气温较低等气候特征，充分吸纳南岳传统民居在建筑造型、建造工艺等方面蕴含的生态建筑智慧，

建筑样板 –01
建筑面积：258.5m²
主体建筑
一层建筑面积：116m²
二层建筑面积：116m²
附属家住：26m²

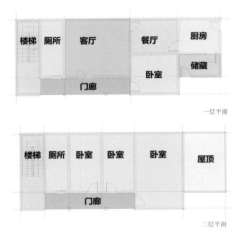

建筑样板 –01–01

建筑样板 –01–02

建筑样板 –02
建筑面积：216m²
一层建筑面积：108m²
二层建筑面积：108m²

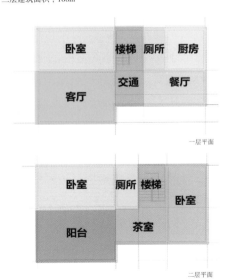

建筑样板 –02–01

建筑样板 –02–02

图 14–14　典型居民建筑设计图

图 14-15　村落建筑风貌效果图

结合现代技术，探索绿色生态建筑模式，进一步降低人为活动与人工建设对自然生态的干扰破坏，保护自然环境（表 14-4、图 14-16）。

南岳地区生态环境条件一览表　　　　　　　　　　表14-4

生态条件	数据	单位	评价
年均气温	11.4	℃	低于湖南省年平均气温
年日照时数	1438.1	h	位于湖南省前列
全年雾天数	256	d	地处山区，云雾期长
森林覆盖率	41.32	%	高于全国平均水平
年降水量	1352	mm	大大高于全国平均降水量
地下水总量	0.48	m^3	较为丰富

针对地区降水量大、气候潮湿的特征，规划传承地方传统建筑中坡屋顶、深挑檐的建筑形式，应用透气坡屋顶形式，加强对建筑下部墙面及基础的防雨保护，并增加具有遮蔽功能的屋前门廊空间，以方便居民晾晒等。针对地区地处山区、气温较低的特征，建筑墙面实多虚少，墙体尽量厚重，采用混凝土框架砌块填充，并进行外保温处理，降低墙身传热系数，提高墙身的隔

热性能与热惰性系数，优化建筑被动节能效果。建筑门窗采用 Low-E 玻璃及节能窗框节点，减弱冬夏季节室内外温度由于窗洞口而发生的温度耗散。此外，规划按照因地制宜、就地取材的原则，最大限度地利用南岳当地环保、天然、可降解的木、砖、土坯、灰瓦等绿色建材，在保证加工简单、经济实用的同时，尽量减少建造活动对自然的冲击（图 14-17）。

图 14-16　南岳传统民居建筑

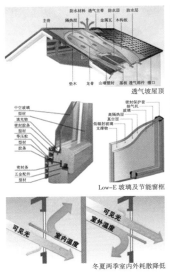

图 14-17　绿色建筑措施示意图

第十五章
黄山——"协同发展"理念下乌泥关村庄整治规划实践

一、规划背景

黄山自 1982 年被国务院列为首批国家重点风景名胜区以来，又相继被联合国教科文组织列为世界文化和自然双遗产以及首批世界地质公园。多年来，黄山通过加强资源价值保护、提升保护管理能力、积极开展宣传与公众参与保护等措施，自然生态和人文资源保护工作都取得了诸多积极成效。

为提升自然生态资源保护与人居环境建设的水平，黄山风景名胜区管委会组织开展了汤口镇乌泥关村的村庄整治规划研究。工作一方面对标"协同发展"要求，设立整治规划目标；另一方面开展问卷调查，深入分析和评估村庄现状面临的核心问题，进而从资源保护、风貌整治、环境提升、设施完善、产业引导等方面提出村庄整治的策略与措施（图 15-1）。

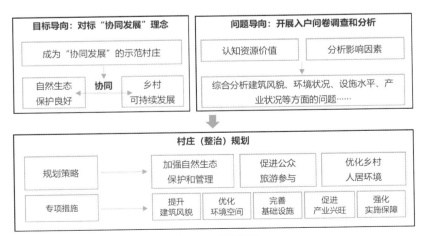

图 15-1　规划框架

二、总体概况

1. 区位条件

　　乌泥关村位于安徽省南部的黄山风景名胜区东南边界处，地处黄山的前山区域，村民组属汤口镇山岔行政村，临近翡翠新村、黄狮党村等村民组（图 15-2）。

图 15-2　乌泥关村在黄山风景名胜区中位置示意

2. 保护对象

黄山被誉为中国最优美的山岳，自 8 世纪唐朝开始，黄山就在中国艺术和文化发展史上扮演了重要的角色。16 世纪明朝时期，黄山的怪石奇松激发并孕育的独特的山水风景画创作风格，在世界艺术史上代表了东方自然山水景观的基本范式。

乌泥关村所属区域处于亚热带向温带过渡的交汇地带，兼有亚热带动植物区系、温带动植物区系成分的双重特点，是生物多样性保护的一个关键地区。在中国生物多样性伙伴与合作框架中，黄山地区生物多样性不可替代性指数在中国华东地区最高，是中国华东地区最值得保护的生物多样性热点地区。另外，根据规划前期开展的资源调查分析，乌泥关村域范围内涉及的风景资源点主要分布在凤凰源景区内的溪谷地带，主要类型是石景和水景，有一定的自然美学价值，村域内的自然美学景点有 13 个（图 15-3、表 15-1）。

图 15-3　凤凰源景区主要风景资源分布

凤凰源景区主要风景资源点一览表　　　　　表15-1

景点名称	景点类型大类	景点类型中类
练剑台	地景	石林石景
凤凰台	地景	石林石景
凤凰松	生景	古树名木
兰花岛	石景	石林石景
兰池	水景	潭池
清凉滩	水景	沼泽滩涂
马鞍石	地景	石林石景
飞鱼潭	水景	潭池
象石	地景	石林石景
白鹅池	水景	潭池
白鹇池	水景	潭池
仙桃洼	水景	潭池
凤凰池	水景	潭池

3. 人口与经济

乌泥关村民组现有48户、156人，其中青壮年较少，人口老龄化程度较高。村民文化程度普遍偏低，初中、小学及以下学历占大多数。村民以务农为主，除此之外，少部分村民通过参与旅游服务获取经济来源，如摆摊做生意，做挑夫，开旅馆或餐馆，维护风景区的秩序、卫生与安全，开车接送游客，当导游等，收入水平较低。黄山风景区的旅游发展并未对大多数村民的收益产生较大影响，大部分人仅得到了旅游公司或开发商提供和捐助的就业岗位和摊位，个别人没有得到旅游活动发放的福利或补贴，也不了解具体事宜。

三、现状特征与主要问题

乌泥关村现状生产生活对周边自然生态资源产生的影响，主要体现在村庄建设风貌对景观美学的影响，居民生活、传统的农业种植以及旅游服务活动产生的污水等对生态环境的影响等方面。村庄属于以传统产业影响为主、旅游产业影响为辅的类型，社区参与自然保护地相关工作的不足使社区发展相对滞后。

1. 村居风貌不佳，影响保护地整体形象

乌泥关村的建筑以村民自己的住宅为主，其中部分作为农家乐经营，承担旅游服务功能。建筑最突出的问题在建筑风貌方面，近些年本地村民自建的房屋，绝大部分建筑形式与传统徽派建筑风格相去甚远，缺乏皖南建筑的地域特色，主要体现在以下方面：建筑外墙和招牌色彩艳俗，与整体白墙灰瓦的色调不协调；部分建筑风格西化，花瓶柱、弧形窗与徽派风格不协调；建筑广告招牌过大，破坏屋顶建筑轮廓；建筑缺乏细部，不能体现地域建筑装饰特点；部分建筑采用新材料，与传统形式和色彩没有呼应。此外，少部分建筑因为年久失修，保存状况较差，呈现残破状态。低品质的建筑风貌很大程度上减弱了村庄整体呈现的地域特色与景观形象，直接削弱了旅游业对外的吸引能力，从而影响到本地村民的收入水平与生活质量（图15-4、图15-5）。

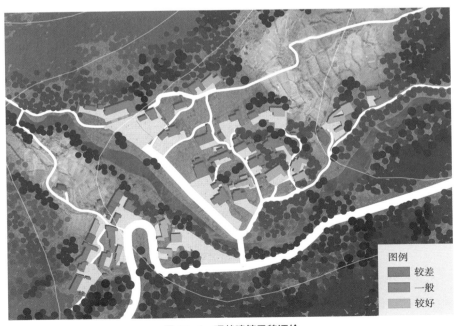

图例

■ 较差
■ 一般
□ 较好

图 15-4　现状建筑风貌评价

图 15-5　村庄建设现状

2.基础设施匮乏，自然生态环境受威胁

在黄山保护管理实际工作中，低下的基础设施水平成为制约保护和发展的关键问题之一。现状乌泥关村的生活污水多数未经处理直接排入沟渠、河溪，污染水体。村庄整体无统一的排水系统，化粪池为自家建设，但投入使用的较少。随着旅游业兴起，到访乌泥关村的游客人数将不断增长，环境污染问题将会继续加重。污水的排放不仅影响了村庄的整体景观形象，也对自然保护地内的自然资源与生态环境构成了威胁。

3.社区参与不足，整体发展相对滞后

城市产生的吸引力不断刺激乌泥关村青壮年劳动力向城市聚集，长期留守在乌泥关村的主要是中老年人，人才的流失制约了乡村社区的可持续发展。乌泥关村农业基础薄弱，由于多方限制，农业活动仅限于利用乡村社区周边较近的土地资源，一般农业生产活动自给自足。长久以来，乌泥关村的旅游业发展主要为自发式，旅游主要依靠凤凰源景区的简单开发，存在低水平重复建设、传统文化挖掘不足等问题，村民参与的旅游经营活动主要停留在农副产品的售卖等初级阶段。

四、规划目标和原则

基于到村庄发展面临的主要问题，规划遵循"协同发展"的理念，将乌泥关村的发展建设融于黄山的保护和发展之中，促进和实现乌泥关村和黄山自然保护地协同发展。在此理念的指导下，规划将"资源保护完好、科普展

示充分、管理科学、成为自然保护地乡村社区可持续发展的示范"作为最终目标，既突出自然生态保护与管理，也注重社区发展与旅游参与。

1. 加强自然生态保护与管理

从资源保护的角度，如何消除、避免、缓解直接威胁因素的负面影响，是自然保护地乡村社区管理与发展面临的突出挑战。乌泥关村的生态资源价值主要面临来自外来游客活动、本地乡村建设的威胁。因此，规划的首要任务是通过专门的资源管理和环境整治应对这些威胁。一方面，通过科学管控和引导乡村发展、提升乡村社区居民的环保意识，规范乡村建设；通过开展生活垃圾清运、建设污水处理设施等方式，减少乡村社区对生态环境的负面影响。另一方面，通过合理组织游赏空间，规范游客行为，加强对资源价值的保护宣传，减少外来游客对自然保护地环境造成的不良影响。同时，还应建立社区共管共治的机制，并制订相应措施，加强对村庄规划研究范围内自然生态资源的保护与管理。

2. 促进社区发展与旅游参与

对标"协同发展"理念，加强对社区发展的引导和管理，让当地居民理解和认同保护自然生态资源的重要性，推动并促进社区可持续发展和旅游参与。一方面，引导社区居民积极参与自然生态保护和管理的相关工作，使其成为自然生态保护管理的重要支撑力量；另一方面，鼓励社区居民以特许经营的方式参与到旅游活动中，并拓展形成特色旅游服务或产品，与自然保护地内其他生态游憩项目形成互补，实现旅游收益的公平分配，增强社区的获得感。

五、"协同发展"理念下规划的重点

综合分析乌泥关村现状存在的各类问题，对照黄山风景名胜区发展的各项目标，规划制定了乡村发展建设的总体策略，进而指导村庄制订功能布局、建设引导、产业发展等方面的规划措施。通过整合关键要素，尽显乡村自然之美、文化之美、生产生活之美。

对村庄总体功能布局，规划重点完善各类旅游服务功能，使住宿、餐饮与田园风景资源相结合，优化游线与停车布局，完善旅游大巴和公交停车场建设；重塑游客中心与周边场地空间，加建自然保护地科普展示长廊，为游客提供教育、休憩场所与便捷的景区导览服务；充分利用农田景观资源，改建闲置村舍为观景茶室，以便于开展专项绘画、自然讲解、特色耕种、夜间观察等活动（图15-6）。

1. 提升建筑风貌

村庄的改造提升采用导控结合的方式，在各类型建筑中找代表性案例作示范，提升改造后引导居民自发学习。建筑改造继承徽派民居建筑形式与功能相结合的传统，全面提高生活品质，使居民有自发改造的动力。此外，实行必要的底线控制，明确禁止建设的内容，保证住房安全，保证建筑具有较高的美学与实用价值。

村庄建筑风貌在以徽派民居风格为主导的前提下，因地制宜探索传统与现代多元融合的形式，建设体量不宜过大，不宜在现有基础上过度扩大建设

①入口景观
②生态停车场
③乡村食宿
④田野茶室（科普田）
⑤科普广场
⑥访客中心
⑦文化会客厅
⑧科普观景亭（体验田）
⑨景观竹桥

图15-6 规划村庄整体平面布局

规模。未来民居建设应以传统的徽派建筑风格为基调，对于色彩过于艳丽和形式过于突兀的建筑，应通过调整局部色彩与装饰，提升统一性和丰富性，避免中西风格混合杂糅（图 15-7）。

（1）优化建筑平面布局与立面构成

在保护现状村落布局肌理的基础上，采取局部改建与插建的方式，形成错落有致的布局。鼓励新建建筑通过设计布局，围合出公共活动空间，产生交错排列、单元错拼分隔等更灵活的组合方式。设置灵活多样的院落边界，有墙则透墙成景，无墙则绿荫勾勒。按照功能需求，宅前屋后的院落鼓励采用乡土材质设置低矮围墙，通过组合木、石、砖、瓦等材质，形成半通透的院墙，丰富院墙风格，并对院墙进行适当绿化，对于已建的高大实墙，宜用瓜藤等植物立体绿化美化墙体。强化院落入口的设计，通过高低起伏的台阶、

图 15-7　规划整村风貌效果

图 15-8 宅院空间整治提升效果

富于变化的绿化植被、形式多样的院门，形成虚实相间、功能明确的空间韵律和视觉感受。

村庄的宅院空间具有晾晒生活生产用品、种植蔬菜、休息纳凉、美化环境等多重功能，宅院空间设计注重和乡土文化相结合，形成富有生活气息的空间。院落可采用传统的多重形式，包括传统的南侧前院、中部天井与小尺度的北侧后院，丰富民居空间布局。依据村民喜好，选择乡土树种进行栽植，提倡窗台绿化、屋顶绿化。宅间空地根据日照条件选择配置方式，以丛植、散植为主，平面绿化与垂直绿化结合布置（图 15-8）。

村宅立面构成应尽量简洁、虚实结合，构件按功能需求设置。在山墙面减少开窗比例，鼓励仅在墙面局部少量搭配特殊形状的长条窗、小凸起窗等。可适当搭配花格砖墙或格栅增加立面丰富性，但要以保证简洁清爽为先，所占墙体不宜超过墙面的 1/3，如遇农田、林地等景观较好的环境，可增加阳台，或适度增加开窗面积比例，将自然环境与建筑更好地结合。窗扇宜采用普通长宽比例，门窗选用传统中式的简约风格，并以整齐排布方式为主。

应对影响村落整体风貌、不符合体量设置标准的屋面做适当整改，鼓励采用多种坡屋顶组合，局部可采用平坡结合的屋顶形式，避免采用与本地建筑风格及周边环境明显不协调的体量与形式，不鼓励选用全平顶。屋面材质宜采用传统瓦材，可以辅助采用与之相协调的新材质，对具有传统乡土特色的屋面，延用木材、黏土砖、瓦等材质实施修复。从延续传统与乡村实际情况出发，鼓励新建建筑适当运用合适的新材料、新技术，若需取代传统材料，应尽量保持风格与传统材质协调，如使用机平瓦、金属板、油毡瓦等辅助材料。

（2）协调建筑主体色彩与装饰材料

建筑主色调突出皖南意韵，强调环境融合及村民认可。宜选用白、灰为主色调，单体主色调不宜超过两种，不应大面积使用明亮耀眼的颜色，避免采用过于浓烈的色彩以及与墙面对比度过大的颜色做分色，且分色应出现在局部点缀装饰处，不宜大面积出现。色彩鲜艳的面层材料，可按需局部装饰于建筑立面上。

建筑的装饰材料应与建筑主体相协调，避免繁杂装饰。在立面入口与阳台选用柱子和栏杆时，要避免使用西式柱，特别是复杂的欧式柱头，在阳台可以设置木质或仿木质栏杆，尽量避免使用欧式栏杆。如遇农田、林地等景观较好的环境，可选用玻璃材质搭建阳光房，院落尽可能采用当地建筑材料，如竹、灰砖、小青瓦等，既可有效减少运输成本，也可体现地域特色。同时可将一些拆除的建筑材料（如木构件、瓦片等）收集后再利用，体现环保理念（表15-2）。

2. 优化环境空间

除对村居建筑整体及单个宅院本身，规划也对重要的村庄公共环境，包括重要的景观节点、生态空间、交通空间提出相应的优化提升措施。

（1）优化重要节点，改善景观形象

公共空间是在村庄交通路径网络上，具有连接、汇聚、转接功能和景观文化特质的，且具有一定空间规模的调控节点，是村民社会交往、汇聚和生活的场所。[①]规划重点提升的乡村公共空间包括村庄入口、景区入口广场和文化会客厅。

---

① 刘晨宇. 城市节点概念及其空间范畴探析［J］. 工业建筑，2013（5）：157-161.

建筑风貌控制导则示意　　　　　　　　　　　　表15-2

控制要素	正确做法		错误做法	
	图片	备注说明	图片	备注说明
门		宜采用简洁大方的形式，或沿用传统形式；门洞尺寸应与建筑体量相协调；宜使用木头、金属、玻璃等材料		采用欧式线脚、卷帘门或普通防盗门；色彩材料与风貌不协调；采用预制水泥等低品质材料
窗		居住建筑应保护居民隐私，不宜过低、过大；商业服务建筑可依据开间进深使用大面积的玻璃窗；窗框颜色宜采用深色，与整体建筑风貌相协调		居住建筑用作商业建筑进行经营，在墙体上随意开洞
墙		宜使用与建筑风貌协调的本地材料与现代材料，如白墙、青砖、灰瓦、木材、透光混凝土等；夯土墙面整洁光平		材质低廉，存在贴皮现象；墙壁色彩过渡生硬；墙体与屋面衔接粗糙
匾		牌匾尺寸为600mm×1800mm，控制字的边界尺寸，牌匾字体统一为书法字体；牌匾位置统一在规定的一层屋顶广告位		商业性宣传牌随意设置，建筑被广告遮挡、损坏；字体过大，字到边界尺寸无控制；标识牌摆放无序
顶		屋顶采用坡顶形式，与马头墙结合，檐口大小与建筑体量相协调		平顶，无檐口，简单粗糙；二层为彩钢板屋顶
饰		空调室外机、配电箱宜置于院落内；外露的配电箱、室外机应结合建筑自身特色，设置美观、简约的电箱、空调机罩		配电箱设施及线缆裸露，位置、尺小、风格杂乱，形象不佳
绿		内院天井鼓励种植植物，增加绿化；鼓励自家门前花园责任分包，花境可与公共服务设施一体化设计		绿篱材质低档、色彩艳丽，公共空间缺少绿化

图 15-9　村庄入口整治提升效果

　　入口空间是村庄整体景观形象的门户，规划重新梳理场地格局，规范停车组织，打造层次丰富的生态入口景观。在保留村庄原有古树的基础上增设形象标识，突出村庄的地域文化特征。雕塑小品与标识朝向道路方向，结合植被灵活布局，选用具有乡土气息的自然材料，如石材、木材等，反映地域特色（图 15-9）。

　　凤凰源景区前广场承担了出入口的功能，因此应考虑广场内的交通流线组织，妥善处理人流、车流的安全问题，设置生态停车场。改造、提升游客中心建筑，加建科普长廊，完善配套设施。优化广场的绿化景观，保持原有绿化特点，使用乡土植物与建筑组合搭配，营造季相分明、层次丰富的绿化景观（图 15-10）。

　　为解决公共活动空间较紧张的问题，规划提出充分利用村中闲置场地，新建具备综合服务功能的建筑——乌泥关乡村会客厅，打造村民文化交流活动中心。根据未来科普、旅游功能的发展需要，在建筑内增加公共活动、旅游服务、农副产品展销、基层文化服务等公共功能设施，为居民、游客提供各种便利（图 15-11）。

　　为强化科普产品，规划结合乡村会客厅开设游客诗文绘画体验课程，突

图 15-10 凤凰源景区入口整治提升效果

图 15-11 规划解说观景亭效果

出对资源价值的保护。针对不同年龄段的受众设计不同的体验课程，更好地满足访客的需求。体验课程不仅传授知识，更强调对态度与价值观的熏陶，课程中采取的方式包括游戏、体验、绘画、写诗和故事创作等。还可以为黄山周边乡村社区儿童开设绘画体验课程，开展黄山画知识讲座、黄山画临摹、黄山画创作等体验活动，邀请专业画家和当地画家授课。

（2）聚焦生态空间，加强资源管理

开展村域范围内生态空间的物种资源和生物多样性本底调查，完善资源档案和编目；开展生物多样性监测和预警，依托现有的监测力量，构建生物多样性监测网络体系；开展系统性监测，即开展持续、长期的动植物资源及影响因素监测，建立预警技术体系和应急响应机制，实现长期、动态监控。

加强游客和乡村社区访客管理，对凤凰源景区的游客和乡村社区访客行为进行必要的监督管理，设置宣传牌、警示牌，发放宣传册对其进行教育，杜绝游客乱扔垃圾、制造噪声、刻画破坏等不良行为给乡村社区的植被、水体环境、山体等资源价值要素带来负面影响。

（3）提升交通空间，完善价值解说

道路交通设施的建设应满足当地村民日常生活的需要，建立便于进出、方便生产和生活的道路通行系统，另外还要满足外来游客停车、游览和开展其他活动的需求。规划乡村道路以维系当地文化传统和自然肌理为出发点，依托村庄现有交通条件，以改造提升为主，满足生活生产的需要，减少对周边环境的干扰和影响。

规划结合村庄步行路设置解说设施与观景台，依托村民公共服务中心形成教育核心地，解说设施展示的主题和内容应针对自然保护地的典型自然价值和人文遗迹及其他价值进行综合确定，并通过各类型的解说教育手段充分地传递给公众，重点阐述黄山乌泥关区域野生动植物、自然景观等要素的价值，介绍自然保护地保护管理工作的历史以及自然保护的意义（图15-11）。

3. 完善基础设施

落后的基础设施是威胁乌泥关村生态保护的主要因素之一，因此规划提出通过加强交通、电力、环卫等设施的建设和行业主管部门对基础设施的管理，有效减少因设施欠账造成的不良环境影响，消除各类威胁因素。

（1）因地制宜建设给水排水设施

考虑到水生生物栖息环境以及生物多样性保护对凤凰源溪流水量、水质的要求，应尽量将自然保护地外的水源用于供水。规划供水设施由镇供水厂供水，通过建设山塘、蓄水池等小型水源工程，配上净水和消毒设施，解决居住分散、水源条件差、供水经济效益较差等问题。

排水设施布局充分考虑地形特征、水系关系，因地制宜地选择高效、绿色生态的乡村排水模式。一般乡村社区采用原有的排水沟渠系统，即明沟系统，利于雨洪和排水安全。由于乌泥关村依山傍水，宜采用集中与分散相结合的方式，分区建设污水管道，采取分流制排水系统，各片区管道收集污水至分散式处理设施，雨水则通过明渠收集后直接排放。利用宅间空地建设人工湿地污水处理系统，降低生活污水外排的风险。加强对农家乐新增污水的处理应对，将生活污水和厕所污水分离处理，统一输送至汤口镇区污水处理厂集中处理。

（2）实施厕所整治与垃圾治理

在停车场设立生态厕所，选取本土建筑风格和建筑材料进行建设。此外，规划提出集中收集处理固体垃圾废物，通过设置带有垃圾收集字样的展示牌和发放宣传册对游客进行宣传教育，避免游客对自然环境和美学价值造成破坏。由镇公共财政出资，建设一个具备 4t/d 以上收集能力的垃圾收集站，为村庄每户人家设置分类垃圾桶，每日由垃圾转运车将村内收集的分类垃圾运输至镇转运站进行集中处理。

4. 促进产业兴旺

实现乡村产业兴旺是乡村振兴的根基，是乡村发展的重要目标。乡村空间的布局要服务于当地的生产、生活、生态，即"三生一体"，规划提出自然保护地周边乡村社区需要将传统的农家乐与凤凰源景区观光、乡村田园体验旅游结合在一起。

（1）优化产业发展方式

现状不当的资源获取活动可能导致自然保护地资源枯竭、野生动植物生境破坏、生物多样性减少等问题，因此规划提出自然保护地内的村庄，禁止采矿、伐木等影响生态环境的产业存在，村庄经济发展的定位要从全局和长远考虑，始终要有利于整体景观资源和生态环境的保护，有利于推动和谐景区的建设。第一产业作为乌泥关乡村经济的基础，应给予适当的生态补偿，提倡和扶持有利于自然保护地的传统农业方式，引导第一产业向生态化、品牌化发展，着力发展高效生态农业和林业。

（2）注入持续发展动力

规划提出充分利用村域范围内的农田、茶园、竹林空间，引入不同的景观与游览体验项目，引导旅游从低附加值的观光度假游向深度和精品化的休闲游方向发展，形成良好的农旅发展组合，为乡村旅游注入持续的发展动力。重点依托自然保护地优越的自然生态资源与品牌效应，发展田园休闲、生态科普等项目，培育形成品牌，促进劳动力本地转移。

此外，根据乡村社区发展情况，规划提出与沿线村庄一并发展，探索设立写生基地的可行性，适时举办写生、创作、展览、教学、拍卖等各项活动，提供住宿、交流、创作的场所与条件，促进黄山画派在当代传承发展。乡村社区通过提供写生创作环境、住宿餐饮等服务获得收入。

5. 强化实施保障

（1）统筹部门管理

良好的管理协作框架是乌泥关村发展和规划管理的保障，从自然保护地管理理念和我国国情来看，需要建立包括自然保护地管理机构、地方政府、村民组织在内的管理协调机制，定期对乌泥关村的规划管理工作进行协调统筹，确保相关方的意见得到充分沟通后，落实规划内容。因此，规划提出加强山岔行政村村民自治组织、镇人民政府和黄山风景名胜区管理机构之间的管理联系，以便及时对规划实施过程中存在的问题提出修改建议。管委会、属地政府、村民组织三者之间应建立定期协商制度、联席审查制度和规划修编研讨会制度，确保环境整治规划以及后续相关规划在编制以及实施上的质量。

（2）强化规划衔接

从当前我国国土空间规划体制改革要求看，除了有涉及村庄的五级三类国土空间规划，还包括林业、环保、农业等其他部门规划。因此，规划提出村庄的保护与发展应以自然保护地规划作为主要落实依据，配合落实涉及乡村社区的规划内容。自然保护地总体规划应和黄山市各层级国土空间规划充分衔接，特别是社区村庄建设的控制性指标内容，以及编制指导乡村社区建设的建设指引，不宜采取过去"一刀切"的方式将乡村社区翻建、新建建筑的需求堵死。涉及乡村社区的其他专项规划，应特别注意林地保护规划、环境区划和国土空间规划的协调，林地保护等级等要求需在村庄规划中落实。

（3）加强公众参与

未来，在村庄旅游知名度不断提升以及国家加大对乡村社区的扶持力度的背景下，为乡村社区寻求一条可持续发展的路径将是下一阶段自然保护地管理工作的重中之重。当地乡村社区应在充分参与保护和发展可持续旅游的基础上强化保护意识，形成良好的保护氛围。应通过一定程度的培训教育，调动当地乡村社区居民参与自然保护地资源展示、旅游服务等运营工作。在规划的修编过程中积极征求村民意见，并选择性采纳。同时应提供优惠政策，鼓励当地乡村社区居民进入管理机构任职，利用其适应当地自然环境和对传统知识有认知的优势支撑管理机构运作。

参考文献

[1]   BORRINI-FEYERABEND G，KOTHARI A，OVIEDO G．Indigenous and local communities and protected areas: towards equity and enhanced conservation［M］．1st ed．IUCN Publications Services Unit，2004．

[2]   中华人民共和国质量监督检验检疫总局，中国国家标准化管理委员会．自然保护区总体规划技术规程：GB/T 20399—2006［S］．北京：中国标准出版社，2006．

[3]   中华人民共和国住房和城乡建设部，国家市场监督管理总局．风景名胜区总体规划标准：GB/T 50298—2018［S］．北京：中国建筑工业出版社，2019．

[4]   International Union for Conservation of Nature．The Durban Accord［EB/OL］．［2021-01-01］．http://danadeclaration.org/pdf/durbanaccordeng，pdf．

[5]   FOX J L，B（A）RDSEN B-J．西藏羌塘自然保护区与人类活动有关的藏羚、藏野驴和藏原羚密度［J］．动物学报，2005（4）：586-597．

[6]   国家林业总局．国家级森林公园总体规划规范：LY/T 2005—2012［S］．北京：中国标准出版社，2012．

[7]   国家林业总局．国家沙漠公园总体规划编制导则：LY/T 2574—2016［S］．北京：中国标准出版社，2016．

[8]   国家林业和草原局．国家公园总体规划技术规范：LY/T 3188—2020［S］．北京：中国标准出版社，2020．

[9]   MURPHY P．Tourism: a community approach［M］．New York：Methuen，1985．

[10] DUDLEY N．IUCN自然保护地管理分类应用指南［M］．朱春全，欧阳志云，等，译．北京：中国林业出版社，2016．

[11] SCHEYVENS R．Ecotourism and the empowerment of local communities［J］．Tourism，1999，20（2）：245-249．

[12] The establishment of the United States national parks and the eviction of indigenous people.

［EB/OL］．［2021-10-01］．https://digitalcommons.calpoly.edu/cgi/viewcontent, cgi? referer=&httpsredir=1&article=1070&context=socssp.

[13] 陈磊，郑舒婷，刘益凡．对我国草牧业合作社发展的现状分析及对策研究［J］. 甘肃广播电视大学学报，2017，27（1）：71-74.

[14] 陈战是．农村与风景名胜区协调发展研究：风景名胜区内农村发展的思路与对策［J］．中国园林，2013（7）：104-106.

[15] 陈战是，于涵，孙铁，等．生态文明视野下自然保护地规划的研究与思考［J］. 中国园林，2020，36（11）：14-18.

[16] 程学飞．甘丹颇章时期西藏工艺美术研究［D］．拉萨：西藏大学，2017.

[17] 村镇规划编制办法（试行）［J］．城乡建设，2000（6）：30-32.

[18] 邓武功，宋梁，王笑时，等．城市型风景名胜区景城协调发展的规划方法：青城山—都江堰风景名胜区总体规划例证研究［J］．小城镇建设，2019，37（6）：35-40，48.

[19] 第一届国家公园论坛组委会秘书处．第一届国家公园论坛成果汇编［R］．西宁：青海省林业和草原局，三江源国家公园管理局，2019.

[20] 丁一汇，任国玉，石广玉，等．气候变化国家评估报告（Ⅰ）：中国气候变化的历史和未来趋势［J］．气候变化研究进展，2006（1）：3-8，50.

[21] 段伟，赵正，马奔，等．保护区周边农户对生态保护收益及损失的感知分析［J］. 资源科学，2015，37（12）：2471-2479.

[22] 冯开禹．关岭地质公园的特点和旅游开发［J］．安顺学院学报，2011，13（5）：11-14.

[23] 高凯，符禾．生态智慧视野下的红河哈尼梯田文化景观世界遗产价值研究［J］. 风景园林，2014（6）：64-68.

[24] 国际环境与发展研究所．我们共同的未来［M］．北京：世界知识出版社，1990.

[25] 国家林业局森林资源管理司．县级林地保护利用规划编制技术规程 LY/T 1956—2011［Z］．北京：国家林业局，2011.

[26] 国家林业局湿地保护管理中心．国家林业局湿地保护管理中心关于印发《国家湿地公园总体规划导则》的通知［Z/OL］．（2010-02-23）［2021-09-15］. http://www.chla.com.cn/html/c149/2010-02/50639.html.

[27] 国土资源部．关于发布《国家地质公园规划编制技术要求》的通知［Z/OL］.

（2010-06-12）〔2021-09-15〕. http://www.mnr.gov.cn/gk/tzgg/201006/t20100630_1990343.html.

[28] 顾丹叶,金云峰,徐婕. 风景名胜区总体规划编制:保护培育规划方法研究〔C〕// 中国风景园林学会. 中国风景园林学会 2014 年会论文集（上册）. 北京:中国建筑工业出版社,2014:37-41.

[29] 龚克,孙克勤. 中国地质旅游现状与展望〔J〕. 国土与自然资源研究,2011（6）:51-53.

[30] 郭华. 制度变迁视角的乡村旅游社区利益相关者管理研究〔D〕. 广州:暨南大学,2007.

[31] 郭文. 旅游空间生产理论探索与古镇实践〔M〕. 北京:科学出版社,2015.

[32] 郭文,王丽,黄震方. 旅游空间生产及社区居民体验研究:江南水乡周庄古镇案例〔J〕. 旅游学刊,2012,27（4）:28-38.

[33] 郭治安,沈小峰. 协同论〔M〕. 太原:山西经济出版社,1991.

[34] 胡玲玲. 民国时期"乡村建设运动"经验对当前乡村治理的启示〔J〕. 淮海工学院学报（人文社会科学版）,2016,14（5）:100-103.

[35] 焦思颖. 绘好新时代乡村蓝图:《关于加强村庄规划促进乡村振兴的通知》解读〔J〕. 自然资源通讯,2019（11）:2.

[36] 格桑益希. 阿里古格佛教壁画的艺术特色〔J〕. 云南艺术学院学报,2002（1）:42-47.

[37] 黎启方,李海波,钟华富. 梵净山自然保护区生态移民对策研究〔J〕. 农村实用技术,2018（9）:56-58.

[38] 李晟之. 社区保护地建设与外来干预〔M〕. 北京:北京大学出版社,2014.

[39] 李波,周忠发,刘梦琦. "中国南方喀斯特"荔波自然保护地水土流失现状与驱动力分析〔J〕. 水土保持通报,2010,30（1）:236-239.

[40] 李高聪. 中国南方喀斯特地貌全球对比及其世界遗产价值研究〔D〕. 贵阳:贵州师范大学,2014.

[41] 李京生. 乡村规划原理〔M〕. 北京:中国建筑工业出版社,2018.

[42] 李湘玲,余吉安. 世界遗产旅游开发与新农村建设的互动发展机制研究:以张家界武陵源自然遗产为例〔J〕. 资源开发与市场,2012,28（2）:171-174.

[43] 李小云,左停,唐丽霞. 中国自然保护区共管指南〔M〕. 中国农业出版社,

2009.

[44] 李豫, 初昌雄. 丹霞山世界自然遗产地与当地农村社区发展互动关系研究 [J]. 南方农村, 2013, 29 (12): 45–51.

[45] 李晓东, 危兆盖, 雷建. 山与山民缘何起纠纷: 峨眉山景区村民 "堵路风波" 调查 [N]. 光明日报, 2014–07–01 (05).

[46] 李寅. 西藏札达土林 [J]. 资源与人居环境, 2018 (10): 24–35.

[47] 李元度. 南岳志 [M]. 长沙: 岳麓书社, 2013.

[48] 李振鹏. 风景名胜区生态旅游发展研究 [J]. 中国园林, 2010, 26 (4): 85–88.

[49] 廖凌云, 赵智聪, 杨锐. 基于 6 个案例比较研究的中国自然保护地社区参与保护模式解析 [J]. 中国园林, 2017, 33 (8): 30–33.

[50] 林而达, 许吟隆, 蒋金荷, 等. 气候变化国家评估报告 (Ⅱ): 气候变化的影响与适应 [J]. 气候变化研究进展, 2006 (2): 51–56.

[51] 刘艳萍. 城乡经济社会一体化新格局的形成机制与条件分析 [J]. 知识经济, 2009 (15): 47–48.

[52] 刘晨宇. 城市节点概念及其空间范畴探析 [J]. 工业建筑, 2013 (5): 157–161.

[53] 罗斐. 基于协同论的中国能源消费结构优化研究 [D]. 北京: 中国矿业大学, 2009.

[54] 鲁明勇. 邻近区域旅游企业合作的博弈分析: 以张家界和凤凰为例 [J]. 科学技术与工程, 2006 (21): 3451–3454.

[55] 吕舟. 面对新挑战的世界遗产 (43 届世界遗产大会观察报告序) [J]. 自然与文化遗产研究, 2020, 5 (2): 1–7.

[56] 孟路. 金佛山天然的动植物宝库 [J]. 资源导刊 (地质旅游版), 2013 (2): 56–57.

[57] 穆艳杰, 郭杰. 以生态文明建设为基础努力建设美丽中国 [J]. 社会科学战线, 2013 (2): 57–62.

[58] 潘开灵, 白烈湘. 管理协同理论及其应用 [M]. 北京经济管理出版社, 2006.

[59] 钱学森, 等. 论系统工程 [M]. 长沙: 湖南科学技术出版社, 1982.

[60] 乔路. 论乡村规划中的村民意愿 [J]. 城市规划学刊, 2015 (2): 72–76.

[61] 秦楠. 国家森林公园教育旅游产品开发研究: 以重庆金佛山国家森林公园为例 [D]. 重庆: 西南大学, 2010.

[62] 三江源国家公园管理局，等. 三江源国家公园生态保护专项规划［EB/OL］
      ［2021-08-17］. http://sjy.qinghai.gov.cn/article/detail/5857/.

[63] 桑嘎卓玛. 西藏阿里"宣"舞蹈文化特征研究［D］. 拉萨：西藏大学，2015.

[64] 史建玲，孙育成. 中国古代系统思想浅论［J］. 科学技术哲学研究，1993（1）：
      37-42.

[65] 时姣. 论社会主义生态文明三个基本概念及其相互关系［J］. 马克思主义研究，
      2014（7）：35-44.

[66] 水利部水利水电规划设计总院，长江流域水土保持监测中心站，黄河水利委员会
      黄河上中游管理局. 水土保持规划编制规程：SL 335—2006［Z］. 北京：中华人民
      共和国水利部，2006.

[67] 宋莎. 基于自然资源依赖的秦岭大熊猫栖息地社区发展研究［D］. 北京：北京
      林业大学，2013.

[68] 苏海红，李婧梅. 三江源国家公园体制试点中社区共建的路径研究［J］. 青海社
      会科学，2019（3）：109-118.

[69] 孙建华. 基于系统论和博弈论的区域生态经济管理体系研究［D］. 重庆：重庆
      大学，2005.

[70] 孙凤芝，许峰. 社区参与旅游发展研究评述与展望［J］. 中国人口·资源与环境，
      2013，23（7）：142-148.

[71] 谭丽萍，徐小黎，李勇，等. 自然资源资产管理视角下的生态补偿机制思考［J］.
      中国国土资源经济，2019，32（11）：36-40.

[72] 唐小平，栾晓峰. 构建以国家公园为主体的自然保护地体系［J］. 林业资源管理，
      2017，4（6）：1-8.

[73] 唐小旭. 区域产学研结合技术创新研究［D］. 哈尔滨：哈尔滨工程大学，2009.

[74] 王尚彦，王宁. 关岭生物群的生活环境［J］. 贵州地质，2002（4）：240-241.

[75] 王立亭. 贵州三叠纪海生爬行动物研究进展［J］. 贵州地质，2002（1）：6-9.

[76] 王砚耕，王立亭，王尚彦. 试论关岭动物群及其科学意义［J］. 贵州地质，
      2000（3）：145-151.

[77] 王维艳. 乡村旅游地的空间再生产权能及其空间正义实现路径：地役权视角下
      的多案例透析［J］. 人文地理，2018，33（5）：152-160.

[78] 王晖. 科学研究方法论［M］. 2版. 上海：上海财经大学出版社，2009.

[79] 王真，王谋. 自然保护区周边环境友好型农业产业组织模式演进分析：以朱鹮保护区为例［J］. 生态经济，2016，32（12）：192-197.

[80] 王惠婷. 金佛山喀斯特世界自然遗产地保护与旅游规划研究［J］. 遗产与保护研究，2017，2（1）：39-44.

[81] 汪啸风，陈孝红，陈立德，等. 关岭生物群：世界上罕见的化石库［J］. 中国地质，2003（1）：20-35.

[82] 汪啸风，陈孝红，陈立德，等. 贵州关岭生物群研究的进展和存在问题（代序）［J］. 地质通报，2003（4）：221-227.

[83] 吴高盛. 中华人民共和国城乡规划法释义［M］. 北京：中国法制出版社，2007.

[84] 肖东发，张德荣. 绝美景色：国家综合自然风景区［M］. 北京：现代出版社，2015.

[85] 谢霏雰，吴蓉，李志刚. "十三五"时期乡村规划的发展与变革［J］. 规划师，2016，32（3）：24-28.

[86] 中共中央国务院. 中共中央国务院关于建立国土空间规划体系并监督实施的若干意见［EB/OL］.［2021-08-17］. http://www.gov.cn/zhengce/2019-05/23/content_5394187.htm.

[87] 徐二帅. 阿里乡土建筑研究［D］. 南京：南京工业大学，2013.

[88] 徐网谷，高军，夏欣，等. 中国自然保护区社区居民分布现状及其影响［J］. 生态与农村环境学报，2016，32（1）：19-23.

[89] 徐永祥. 试论我国社区社会工作的职业化与专业化［J］. 华东理工大学学报（社会科学版），2000（4）：56-60.

[90] 闫京艳，张毓，蔡振媛，等. 三江源人兽冲突现状分析［J］. 兽类学报，2019，39（4）：476-484.

[91] 杨永恒. 完善我国发展规划编制体制的建议［J］. 行政管理改革，2014（1）：27-31.

[92] 于涵，陈战是. 英国国家公园建设活动管控的经验与启示［J］. 风景园林，2018，25（6）：96-100.

[93] 于立新，薛培芹. 旅游开发带动区域产业结构调整的实证研究：以四川九寨沟为例［J］. 昆明大学学报，2007（2）：38-41，47.

[94] 赵仁昌，雷林，陈福葆. 青城山旅游资源美感环境质量评价［J］. 四川环境，1996（3）：54-58.

[95] 赵昌文．贫困地区可持续扶贫开发战略模式及管理系统研究［M］．成都：西南财经大学出版社，2001．

[96] 占毅．从我国古代系统思想看现代可持续发展观［J］．系统辩证学学报，2004（4）：102–105．

[97] 张琦．山林型养生度假区资源条件发展利用研究［D］．成都：西南交通大学，2015．

[98] 张子玉．中国特色生态文明建设实践研究［D］．长春：吉林大学，2016．

[99] 张泉，王晖，梅耀林，等．村庄规划［M］．北京：中国建筑工业出版社，2011．

[100] 张任，朱学稳，韩道山，等．重庆市南川金佛山岩溶洞穴发育特征初析［J］．中国岩溶，1998（3）：14–15，17–18，20–29．

[101] 张弦．警惕"协同"概念的泛化［N］．中国社会科学报，2015–04–17（B02）．

[102] 张天培．乡村振兴战略迈入有法可依新阶段［N］．人民日报，2021–06–01（7）．

[103] 赵磊．论国土空间规划正义与效率价值实现［J］．中国房地产业，2019（12）：49．

[104] 国家市场监督管理总局，国家标准化管理委员会．国家公园总体规划技术规范：GB/T39736—2020［S］．北京：中国标准出版社，2020．

[105] 中华人民共和国民政部．民政部关于在全国推进城市社区建设的意见［Z］．2000．

[106] 中华人民共和国文化和旅游部．2019文化和旅游发展统计公报［R］．2019．

[107] 中共中央宣传部．习近平新时代中国特色社会主义思想学习纲要［M］．北京：学习出版社，2019．

[108] 中共中央国务院．中共中央国务院印发《乡村振兴战略规划（2018—2022年）》［EB/OL］．［2021–08–17］．http://www.gov.cn/zhengce/2018–09/26/content_5325534.htm．

[109] 中共中央办公厅，国务院办公厅．关于建立以国家公园为主体的自然保护地体系的指导意见［Z］．2019．

[110] 中共中央办公厅，国务院办公厅．关于统一规划体系更好发挥国家发展规划战略导向作用的意见［Z］．2018．

[111] 中国共产党中央委员会，中华人民共和国中央人民政府．中共中央国务院关于实施乡村振兴战略的意见［Z/OL］．（2018–01–02）［2021–09–15］．http://www.gov.cn/zhengce/2018–02/04/content_5263807.htm．

[112] 中国共产党中央委员会. 中共中央关于制定国民经济和社会发展第十一个五年规划的建议（2005 年 10 月 11 日中国共产党第十六届中央委员会第五次全体会议通过）[J]. 求是，2005（20）：3-12.

[113] 中国共产党中央委员会. 中共中央关于推进农村改革发展若干重大问题决定 [Z/OL].（2008-10-19）[2021-09-15]. http：//www. gov. cn/jrzg/2008-10/19/content_1125094. htm.

[114] "中国村镇建设 70 年成就收集" 课题组. 新中国成立 70 周年村镇建设发展历程回顾 [J]. 小城镇建设，2019，37（9）：5-12.

[115] 中国自然资源报. 绘好新时代乡村蓝图：《关于加强村庄规划促进乡村振兴的通知》解读 [J]. 国土资源，2019，0（6）：34-35.

[116] 住房和城乡建设部. 中国风景名胜区事业发展公报 [R]. 2012.

[117] 住房和城乡建设部文件新村 [2010] 184 号镇（乡）域规划导则（试行）[J]. 小城镇建设，2010（12）：20-23.

[118] 住房城乡建设部. 关于印发《村庄整治规划编制办法》的通知 [Z/OL].（2013-12-17）[2021-09-15]. http://www.gov.cn/gongbao/content/2014/content_2667625.htm.

[119] 周晓虹. 传统与变迁：中国农民的社会心理—昆山周庄镇和北京 "浙江村" 的比较 [M] // 贾裕德. 现代化进程中的中国农民. 南京：南京大学出版社，1998.

[120] 贾裕德. 现代化进程中的中国农民 [M]. 南京：南京大学出版社，1998.

[121] 庄优波，杨锐. 世界自然遗产地社区规划若干实践与趋势分析 [J]. 中国园林，2012（9）：9-13.

[122] 邹波，刘学敏，宋敏，等. "三江并流" 及相邻地区绿色贫困问题研究 [J]. 生态经济，2013（5）：67-73.